汉竹主编·健康爱家系列

原味家常蒸菜

烩烩小厨 著

扫一扫
轻松学做蒸菜

汉竹图书微博
http://weibo.com/hanzhutushu

江苏凤凰科学技术出版社
全国百佳图书出版单位
·南京·

图书在版编目(CIP)数据

原味家常蒸菜 / 烩烩小厨著 . -- 南京 : 江苏凤凰科学技术出版社，2020.10
（汉竹•健康爱家系列）
ISBN 978-7-5713-1313-5

Ⅰ. ①原… Ⅱ. ①烩… Ⅲ. ①蒸菜—菜谱 Ⅳ. ① TS972.12

中国版本图书馆 CIP 数据核字（2020）第136886号

原味家常蒸菜

著　者	烩烩小厨
主　编	汉　竹
责任编辑	刘玉锋
特邀编辑	徐键萍　边　卿
责任校对	杜秋宁
责任监制	刘文洋
出版发行	江苏凤凰科学技术出版社
出版社地址	南京市湖南路1号A楼，邮编：210009
出版社网址	http://www.pspress.cn
印　刷	南京新世纪联盟印务有限公司
开　本	720 mm × 1000 mm　1/16
印　张	12
字　数	200 000
版　次	2020年10月第1版
印　次	2020年10月第1次印刷
标准书号	ISBN 978-7-5713-1313-5
定　价	39.80元

记得小时候，一日三餐总是勤快的母亲操持，按着时令节气还会换着菜食，让一家老小吃得舒舒坦坦。空闲的时候，母亲总爱一边听着粤剧，一边做些点心，厨房里的蒸锅上总是冒着温暖的水汽，房间里是我们小孩子一边欢闹着，一边等着节日到来可以换上的新衣服，那时候的我，心中还记挂着那一笼笼精致的水晶虾饺。

后来，我为人妻，还有了一对可爱的双胞胎儿子，送他们上学、参加课外活动，生活变得很忙乱，但是不论多忙，我都把家人的一日三餐安排妥当，因为舒心的饭菜其实就是对家人最好的守护。家里做的饭菜其实不必有多精彩，新鲜、舒心就是“上榜理由”，当然，孩子偶尔会有“挑嘴”的时候，蒸上点五彩饭或小点心，又能“哄”下一顿。每次看着孩子们和爱人“扫光”食物还满脸陶醉的样子，我满心荣耀。

我也喜欢在一些美食平台分享一些自己的私房菜谱，原本只是想“晒晒”内心的幸福感，后来慢慢地有很多平台邀请我做美食分享，也就有了一些积累，还会受邀去一些“网红店”做试菜嘉宾，粤菜如今是很多人的心头好，其实对我们广东人自己来说，好吃的菜就是一日三餐家常味。好原料就应该简单入菜，追求原味，无论是蔬菜菌菇还是海货本鲜，我总觉得蒸是这些食物的“最佳归宿”。

每一道平凡的菜肴里都有对家人的惦念，愿你在下厨的时光里找寻到那份纯粹而简单的快乐。

烩烩小厨

2020 年 9 月

目录

第一章

蒸菜好吃的技巧

第二章

蔬菜和菌菇

第三章

健康蒸肉

第六章 甜品点心

本书食材容量对照表：

1 盐匙≈ 5 克
1 汤匙≈ 15 克

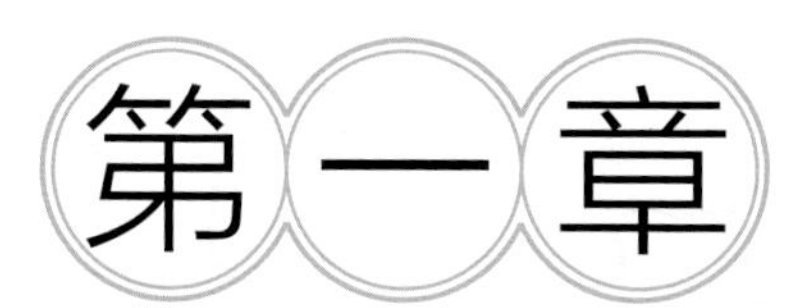

蒸菜好吃的技巧

蒸菜更能保留食材的营养和味道

无菜不可蒸 从馒头、包子、饺子等主食，到腊肉、鱼蟹、虾贝等菜肴，蒸制是最家常的烹饪方式之一，有着“无菜不可蒸”的说法。如今，人们越来越关注食物的健康、营养，相较于其他烹饪方式，蒸，因为恰好更能保持食物的原汁原味，且烹饪过程中添加的油脂较少，所以人们越来越喜欢尝试各式各样的家常蒸菜。

原汁原味、口感软烂 蒸菜具有滋润、软糯、原汁原味、味鲜汤清等特点。蒸菜利用水沸后产生的水蒸气使食物变熟，食物在加热过程中处于封闭状态，这样水分不易大量蒸发，因此成品口感细嫩软烂，老少咸宜。

保留食物营养 与煎、炸、炒等烹饪方式相比，蒸这种烹饪方式尽可能地避免了高温热油对食材营养破坏，能最大程度地保留食物的原汁原味，而且制成的食物易消化，养胃又不容易上火。

简单快捷 制作蒸菜只需要一个密封性能好的蒸锅，或者能架蒸笼的大锅即可，如今还有蒸炖锅、蒸烤箱等更加便捷的工具；而且大部分蒸菜只需要花费很短的时间，一般 10~15 分钟即可蒸熟，简单快手。

方便安心 蒸不像煎、炸等烹饪方式，菜上锅之后不必紧盯照看。图省事还可以主食和菜肴一起蒸。对于忙碌的上班族和厨房小白来说，节约了时间，还可以避免摄入过多的油脂，吃得更健康。

不同食材，蒸法不同

清蒸鱼

粉蒸肉

蒸粽子

清蒸

传统的清蒸多指不带酱油带汤蒸的烹调方法，在日常生活中，这种方法会更加灵活多变，即将主料加工整理后加入调料，或再加入汤（或水）放入器皿中，使之加热变熟。清蒸菜肴对原料的要求就是新鲜，初加工时必须将原料清洗干净，清蒸前一般要进行汆水处理。对于大块原料，清蒸时采用大火沸水长时间蒸制的方法；而对于丝、丁等小体积原料，则采用大火沸水速蒸的方法。

粉蒸

将加工好的原料用炒好的米粉及其他调味料拌匀，而后放入器皿中码放整齐，用蒸汽加热至软熟滋糯。粉蒸通常选用质地老韧无筋、鲜活味足、肥瘦相间或质地细嫩无筋、易成熟的原料，例如鸡、鱼、肉类和根茎类、豆类蔬菜等。原料的形状多以片、块、条为主。

包蒸

将原料用不同的调料腌制入味，用荷叶、竹叶、芭蕉叶等包裹后，放入器皿中，用蒸汽加热至熟的方法，此法既可保证食材的原汁原味不受损失，又使其增添了包裹材料的风味。

油豆腐酿冬瓜

年年有余年糕

扣肉

酿蒸

将加工好的原料装入容器内，入屉上笼用中小火加热较短时间（蒸制时间根据不同性质的原料做相应调整），蒸熟后浇淋芡汁成菜的技法。这种技法是利用中小火势及柔缓蒸汽加热，使菜肴不走样、不变形，保持美观的造型，是蒸法中较精细的一种。

造型蒸

即将原料加工后，拌入调味料或凝固材料，如蛋清、淀粉、琼脂等，装在模具内，做成各种形态后上笼蒸制，蒸熟后成为固体造型。

扣蒸

又称旱蒸，原料只加调味品不加汤汁，有的器皿还要加盖或封口。扣蒸菜肴大多采用新鲜无异味、易熟、质感软嫩的原料，例如鸡肉、鱼肉、虾、猪肉、蔬菜、水果等。

选对工具，一次就成功

竹蒸笼

大部分由手工编制，竹子独特的清香，在烹饪过程中浸入食材里，带来别具一格的风味，一般搭配蒸笼布一起使用。因由篾子编造而成，接缝处不方便清洗，容易藏污纳垢。宜放置于通风良好的保存环境，以免产生霉变。

不锈钢蒸锅和蒸炖锅

不锈钢锅造型多样，具有易清洗、易保养等优点，蒸锅选择大一些的，这样食材受热会更加均匀，成品口感也会更好；蒸炖锅结合了蒸、炖功能，它通过将隔层中的水加热，进而加热里面的炖盅，上汽很快，能迅速锁鲜，蒸煮火力可控可调，也有双层同蒸的功能，此外还具有预约和保温等功能。

蒸烤箱

相比于蒸锅，蒸烤箱不会产生大量的蒸汽，让厨房更洁净、卫生。蒸烤箱的蒸制效果不输于一般蒸箱，而且操作简单，火候很好控制。蒸烤箱完美结合蒸与烤两大烹饪方式，赋予了料理更多的可能性。

汤碗

适用于汤羹、甜品或者分量较大的肉类菜品，例如冰糖蒸橙子、桃胶雪燕糖水等。

炖盅

适用于小分量、造型精致的菜品，如鲜味冬瓜盅、排骨石斛汤等。

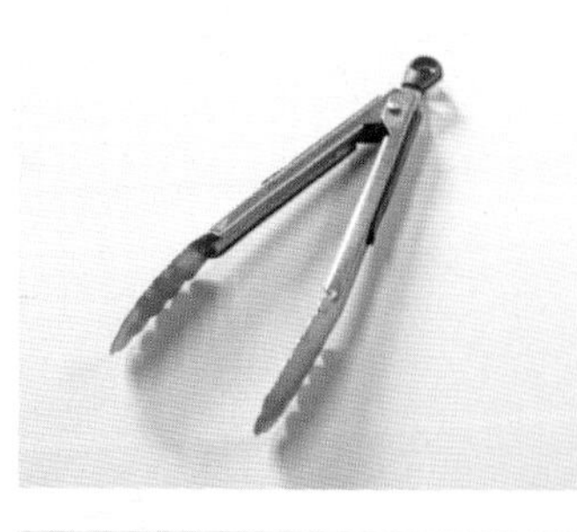

棉纱蒸笼布

棉纱蒸笼布的传统工艺和造型，有古朴的美感，制作原料也比较环保、安全。但使用寿命比较短，而且需要严格的清洗步骤和干燥洁净的晾晒收纳环境，以免发霉。

食品硅胶蒸笼垫

食品级的硅胶是安全可靠的烹饪工具，但一定要购买正规品牌的产品。硅胶蒸笼垫比传统蒸笼布更光滑，能有效防止食材粘连，方便清洗、擦干和收纳，不易产生霉菌，使用寿命更长。

防烫夹

蒸菜的高温蒸汽经常会烫到手，使用毛巾隔热的传统方法有安全隐患，而且不卫生，而烘焙用的手套又过于厚重，不灵活，在端碗的过程中容易打滑。防烫夹子能卡住薄或细的边沿，并且牢固安全，不会烫手。

有沿口的盘子

适用于平铺造型的菜品，例如蒸肉饼、蒸茄子、蒸鱼等。

荷叶、竹叶等

荷叶浸泡后，带有韧性，方便包裹食材和造型，如糯米，搭配其他食材，做成糯米鸡等，别有一番风味。

竹叶最常见的用途就是包粽子，包粽子的箬竹叶要先浸泡，增加其柔韧度，使用的时候也要注意力度。

竹子清香解腻，非常适合搭配腊肉等浓香型的食材，浓郁的肉香搭配竹子的清香，颇有山野情趣。

蒸菜“锁鲜”秘诀

新鲜食材怎么蒸都好吃

原材料新鲜不仅决定了蒸菜的品质、营养、口感、气味，更关系健康。因此，蒸菜时要注意选择新鲜、无病害的食材。

控制水量更易熟

将蒸盘或蒸架放入蒸锅时，水的添加量以到蒸架下 0.5~1 厘米、水不到菜肴底盘为准，要留出足够的空间让蒸汽循环。蒸约 10 分钟后，检查水是否充足。

小贴士

如果发现水不够的话，应该立刻加水，注意补水时要用热水，这样锅内温度才不会下降，并且能一直保持足够的蒸汽量，不会影响食材的持续加热，菜品最终的口感会更好。

分层摆放让菜品颜正味美

汤水少的菜放在上面，汤水多的菜放在下面；淡色菜放在上面，深色菜放在下面；不易熟的菜放在上面，易熟的菜放在下面。

控制火候有诀窍

火候是蒸菜的关键环节。不同的原料制作蒸菜时，火力的强弱及时间长短都不同。质嫩的原料要旺火沸水速蒸（约 12 分钟），如蔬菜类、鱼类、水果类等；质地粗老、要蒸得酥烂的原料要用大火沸水长时间蒸，如香酥鸭、粉蒸肉等；鲜嫩的原料，如蛋类等要用中火、小火慢慢蒸。

调味少而精

蒸制前调味是为了让原料入味，时间要长；但不建议用辛辣味重的调味品，否则会掩盖原料本身的鲜味。蒸熟后加入的芡汁要咸淡适宜，不宜太浓。

小贴士

蒸菜时应等水开后再将食物放入蒸锅，否则蒸汽中的水渗入食物中，使蒸出来的食物水分增多，影响口感。

提鲜增色的秘制调料

蒜蓉

大蒜从颜色上可分为白皮和紫皮等，从形态上可分为独瓣蒜和多瓣蒜，独瓣蒜的味道通常会更浓郁。作为常备的烹饪香料之一，蒜瓣生吃辛辣开胃，蒜蓉经过烹饪后香辣可口，在蒸鱼、蒸河海鲜时加入一些，能极大地丰富菜品的口感层次。不论是清淡的还是酸辣的菜肴，加入蒜蓉调味，口味上都能自然融为一体。

胡椒

胡椒分为白胡椒和黑胡椒两种，常制成胡椒碎或胡椒粉。从口感上来说，黑胡椒更为辛辣，多用于去腥调味；而白胡椒口感和食用效果更为温和，一般用于煲汤。我们在烹饪鱼肉菜品时，加入胡椒粉能起到很好的去腥、提鲜、丰富口感的效果。

香菜

香菜是常见的香料，也可以单独作为蔬菜进行烹饪。香菜香味独特，根茎的口感脆爽。作为香料使用时，通常是切碎后撒在菜品上作为装饰和调味。

好吃的蒸菜常用酱汁

蜂蜜

对于蒸菜的食材而言，蜂蜜不仅能调味、提鲜，还能为食材表面增加色泽，让食物更诱人。

蚝油

蚝油味道鲜香浓郁，适量添加在蒸菜中可以提鲜、提味。

水淀粉

用淀粉和水调配而成，能够让菜品的口味更加丰富；水淀粉可以根据不同的口味需求，加入不同的调味品，例如胡椒粉、香菜、白砂糖等。

柠檬汁

在很多经典味道的酱料中都用到了柠檬汁，它具有画龙点睛般的调和作用，可使多种意想不到的酱料完美组合起来。

豆豉酱

以干豆豉为原料，添加蒜蓉等调料制作而成，味道咸香，常用于鱼类等蒸菜的佐味。

醋

醋的分类很多，蒸菜中常用陈醋和香醋。陈醋颜色较深，味道浓郁；香醋酸味柔和，口感更加绵和。

酱油

酱油常可分为生抽、老抽等。广东菜中，酱油分为生抽、老抽及头抽。无论是蒸前的腌制调味，还是蒸完调蘸碟，都有可能用到酱油。

剁椒酱

剁椒酱主要由辣椒腌制而成，风味浓郁、肉质厚实、鲜辣爽口，常用来蒸制菌菇类菜肴。自制剁椒酱要注意保存，以防腐坏。

第二章
蔬菜和菌菇

虾米蒸娃娃菜

8分钟
蒸制时间

清蒸
蒸制方式

蒸汽火力

富含膳食纤维的娃娃菜，能很好地促进消化，撒上炒至金黄的虾米，味道清甜鲜香，别有一番风味。配上一碟剁椒酱，令人食欲大增。

主料

娃娃菜……………1棵
虾米………………2汤匙

调料

大蒜……………6瓣
生抽……………1汤匙
玉米油…………4盐匙
香菜碎…………少许

做法

❶ 将虾米放在碗中，倒入适量冷水(没过全部虾米即可)，泡发约10分钟，捞出沥干。

❷ 大蒜去皮、洗净，切末备用。娃娃菜先竖着切一半，再分别将两块娃娃菜竖着对半切，共四等份。

❸ 将娃娃菜摆放在有沿口的圆盘上。

❹ 锅内倒入玉米油，烧至三成热，中火，倒入蒜末爆香。

❺ 倒入泡发好的虾米，翻炒均匀。

❻ 虾米翻炒至金黄色，调入生抽，翻炒上色均匀出锅。

❼ 将虾米蒜蓉酱横向淋在娃娃菜表面。

❽ 蒸锅内倒入适量水烧开，将装有娃娃菜的盘子放入蒸锅，大火蒸8分钟。

❾ 出锅后可点缀上少许香菜碎。

小贴士

- □ 虾米泡发时间不宜太长，一般冷水泡发约10分钟，温水约5分钟，切勿用开水泡发，否则会使其口感变差。
- □ 虾米本身有一定咸味，所以不再加盐，如有需要，可酌情添加一些生抽。

香菇蒸西蓝花

8分钟	清蒸	🔥🔥🔥
蒸制时间	蒸制方式	蒸汽火力

西蓝花富含维生素C，热量低，加入香菇增添香味，简单同蒸，非常适合健身人士。

主料

干香菇……………… 20克
西蓝花…………… 200克

调料

生抽……………2盐匙
蚝油…………… 1盐匙
玉米淀粉……1/2盐匙
植物油………… 1汤匙

做法

❶ 干香菇洗净，提前用温水泡发1小时。

❷ 将泡发好的香菇沥干，切成小块。

❸ 西蓝花洗净，切成小块备用。

❹ 将西蓝花块围成一圈摆放在有沿口的圆盘上，中间留出空位。

❺ 将香菇块摆放在西蓝花中间的空位上。

❻ 将装有西蓝花和香菇的盘子放入蒸笼。

❼ 蒸锅内倒入适量水，烧开，放上蒸笼，大火蒸8分钟。

❽ 锅中倒入50毫升纯净水烧开，调入生抽、蚝油、玉米淀粉和植物油搅拌均匀，淋在西蓝花和香菇上。

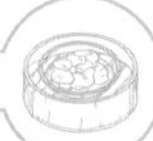

小贴士

☐ 如果没有时间泡发干香菇，可以将干香菇放入保鲜盒中，加入4盐匙糖和4盐匙面粉，倒入适量温水，盖上盖子，快速摇晃3分钟即可快速泡发。

粉蒸菠菜

8 分钟
蒸制时间

粉蒸
蒸制方式

蒸汽火力

菠菜有一股独特的香味，用面粉包裹蒸制，巧妙地留住了这份清香，绿色的菠菜和白色的面粉，看着清爽，吃着筋道。

菠菜……………… 150克

面粉……………… 50克

调料

植物油 ………… 4盐匙

盐 ……………… 1/5盐匙

蒜蓉 ……………… 5盐匙

生抽 ……………… 2汤匙

芝麻油 ………… 4盐匙

朝天椒圈 ………… 少许

❶ 将菠菜洗净，平均切成三段，沥干备用。

❷ 将沥干水的菠菜段放在盆里，淋上植物油翻拌均匀，再倒入面粉。

❸ 将面粉和菠菜段翻拌均匀，尽量使每段菠菜都裹上面粉。

❹ 竹蒸笼里铺上油纸，将菠菜段均匀地铺在油纸上。

❺ 蒸锅内倒入适量水烧开，放上竹蒸笼，大火蒸8分钟。

❻ 将调料倒在碗里搅拌均匀，淋在菠菜上拌匀，撒上少许朝天椒圈即可。

清蒸上海青

8 分钟
蒸制时间

清蒸
蒸制方式

蒸汽火力

再家常不过的上海青变身为一朵朵盛开的绿玫瑰，淋上酱汁，又多了一份蒜的香，添了一份小辣椒的辣，更令人难忘。

主料

上海青 ············ 150克

调料

大蒜················4瓣

生抽··············2汤匙

芝麻油 ·········4盐匙

朝天椒 ············1根

做法

❶ 将上海青洗净、沥干。

❷ 在离叶柄下端约2厘米的地方切断。

❸ 将菜叶呈放射状摆放在有沿口的圆盘上，叶柄部分朝向中间。

❹ 把切下来的部分竖着放在围成一个圈的菜叶中央。

❺ 将装有上海青的盘子放入蒸笼。

❻ 蒸锅内倒入适量水烧开，放上蒸笼，大火蒸8分钟，蒸好后取出。

❼ 蒸菜的同时，把大蒜和朝天椒洗净、切末放碗里，把芝麻油倒入锅中烧热后倒在蒜末上，再倒入生抽搅拌均匀即成酱料。

❽ 将酱料淋在蒸好的菜上即可。

油豆腐酿冬瓜

10 分钟	酿 蒸	🔥🔥
蒸制 时间	蒸制 方式	蒸汽 火力

冬瓜肉质厚实、细嫩，吸收了酱汁的咸香，变得格外鲜甜，适量食用冬瓜还有利尿、消肿的效果，是夏天瘦身期间的不二之选。

主料

冬瓜……………… 200克
油豆腐 ……………50克
胡萝卜 ……………30克

调料

小葱………………2根
生抽……………1汤匙
蚝油……………1盐匙
生粉……………1盐匙
植物油 …………适量

做法

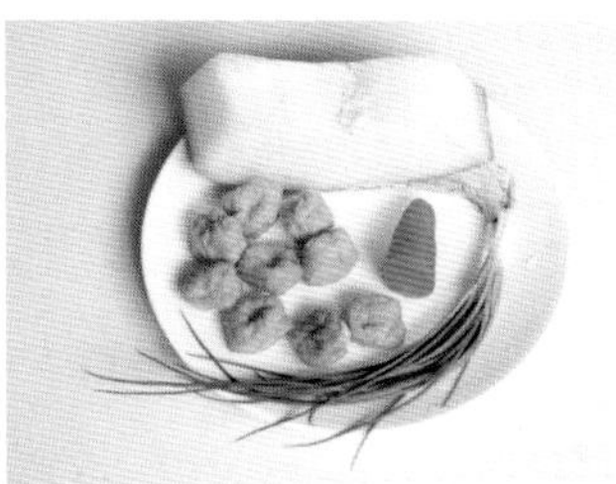

❶ 油豆腐洗净；冬瓜洗净、去皮；小葱洗净、切碎；胡萝卜洗净、切丁。将生粉与25毫升纯净水混合调匀成水淀粉备用。

❷ 将油豆腐对半切开，用手指将里面压实。

❸ 用挖球器挖出若干冬瓜球。

❹ 将冬瓜球塞进油豆腐里，放在有沿口的盘子里。

❺ 蒸锅内倒入适量水烧开，将装有油豆腐的盘子放入蒸笼，中火蒸10分钟，取出倒掉多余的汁水。

❻ 锅内倒入植物油，中火烧至五六成热，倒入胡萝卜丁，调入生抽和蚝油，炒至胡萝卜变软，转小火，放入水淀粉和葱碎，搅拌均匀，淋入盘中即可。

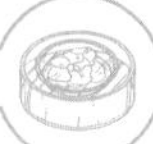

小贴士

☐ 挖球器不要太大，直径2.5厘米左右的即可，以免冬瓜球塞不进油豆腐里。若家中无挖球器，可用盐匙代替。

☐ 购买冬瓜时，尽量挑选皮较硬的，这样的冬瓜肉质紧密，水分较多，口感较好。

蒜蓉蒸秋葵

5
分钟
蒸制时间

清蒸
蒸制方式

蒸汽火力

嫩滑爽脆的秋葵含有丰富的营养，黏滑的汁液能够促进肠胃蠕动，加入咸甜的生抽调味，添一份醇厚，令人久久回味。

主料

秋葵……………… 250克

调料

大蒜…………………8瓣
生抽……………… 1汤匙
芝麻油 ……………2汤匙
盐 ……………………适量

做法

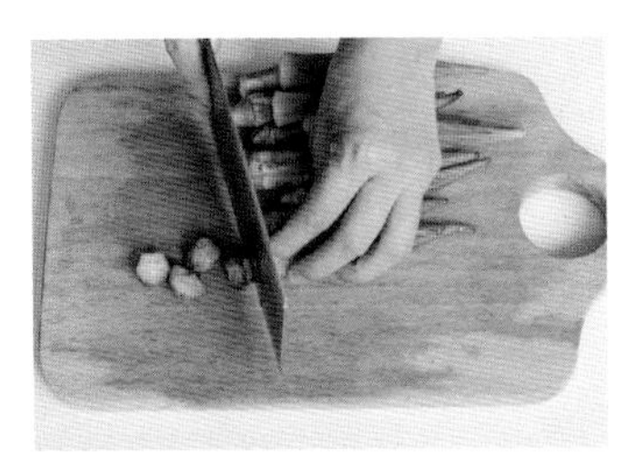

❶ 秋葵用盐搓洗，去除表面的细毛，去蒂备用。

❷ 大蒜去皮、洗净，切末。

❸ 将秋葵垒成两层，放在有沿口的圆盘上。将一半的蒜末横着撒在秋葵中部。

❹ 蒸锅里倒入适量水烧开，放入装有秋葵的盘子，中大火蒸5分钟即可。

❺ 蒸好后取出，将剩下的一半蒜末撒在秋葵上，然后淋上生抽。

❻ 将芝麻油倒入锅中，中火烧热后淋在蒜末上即可。

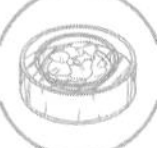

小贴士

□ 秋葵的周边有一些棱角，棱角相对坚硬粗糙，不去掉会影响口感，所以在清洗掉表面细毛后可用刀或者去皮器将棱角去掉。

□ 秋葵一般越小越嫩，5~10厘米是最佳长度（人的中指一般长约8厘米，购买时可以简单比较一下）。用手轻捏，不硬，有些韧度最好。新鲜的秋葵颜色鲜艳且有细毛，带点嫩黄色的会更嫩。

蒸拌杏鲍菇

15分钟 清蒸

蒸制时间 蒸制方式 蒸汽火力

被称为“素中之肉”的杏鲍菇，高蛋白、低热量，十分适合减肥人群。蒸制时加入剁椒、生抽等简单调味，就能让人胃口大开。

主料

鲜杏鲍菇……………2根

调料

大蒜………………3瓣
剁椒酱…………2盐匙
香菜碎…………2盐匙
葱花……………1盐匙
生抽……………1汤匙
芝麻油…………2汤匙

做法

❶ 鲜杏鲍菇洗净，竖着整根切成厚约0.5厘米的长片。

❷ 将切好的杏鲍菇片摆放在有沿口的圆盘上。

❸ 蒸锅内倒入适量水烧开，放入装有杏鲍菇片的盘子，中大火蒸15分钟后取出晾凉。

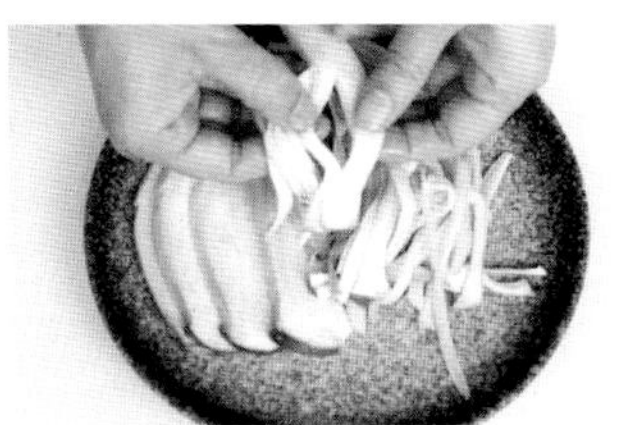

❹ 将晾凉的杏鲍菇片用手撕成宽约0.5厘米的长条。

❺ 大蒜去皮、洗净，切末，和剁椒酱一起倒在杏鲍菇条上，再淋上生抽。

❻ 将芝麻油倒入锅中，中火，烧至沸腾后，淋在蒜末和剁椒酱上。均匀撒上葱花和香菜碎即可。

小贴士

□ 如果用干杏鲍菇，需提前半小时用温水泡发，泡发好后可以加入1~2盐匙白砂糖，搅拌均匀，浸泡5~10分钟，用清水冲洗干净即可。这样做既能很好地去除干杏鲍菇的泥沙，又不影响杏鲍菇的营养和口感。

□ 杏鲍菇长度在10厘米左右最好(中指一般长约8厘米)，过大或过小口感都欠佳。优质的、新鲜的杏鲍菇闻起来有种淡淡的杏仁香味。

剁椒蒸金针菇

5
分钟
蒸制
时间

清
蒸
蒸制
方式

蒸汽
火力

有"益智菇"之称的金针菇口感细嫩鲜香，而且富含维生素，加一点点风味浓郁的剁椒酱，更能增进食欲。

主料

金针菇 ………… 250克

调料

生抽………………4盐匙
葱花………………4盐匙
剁椒酱 ……………2汤匙
芝麻油 ……………2汤匙

做法

❶ 将金针菇的根部切去。

❷ 将金针菇洗净、沥干后铺在有沿口的圆盘上。

❸ 将剁椒酱横向淋在金针菇的中部。

❹ 蒸锅内倒入适量水烧开，放入装有金针菇的盘子，中大火蒸5分钟后取出。

❺ 将盘子里的汤汁倒掉，在剁椒酱上撒上葱花。

❻ 将芝麻油倒入锅中，中火烧热后淋在剁椒酱上，再淋上生抽即可。

小贴士

☐ 如果不喜欢剁椒，可以用蒜蓉或者其他调料来代替。

☐ 新鲜的金针菇的菇帽呈半球形，不会开裂，闻起来有股淡淡的清香。

蒸素杂菇

20分钟
蒸制时间

清蒸
蒸制方式

蒸汽火力

主料

黑豆腐竹……………40克
鲜香菇………………50克
白玉菇………………20克
鲜杏鲍菇……………20克

调料

大蒜…………………4瓣
生抽…………………2汤匙
芝麻油………………4盐匙
盐……………………少许
香菜叶………………少许

做法

❶ 将黑豆腐竹折成长约4厘米的小段，放入盆里，加入少许盐，倒入约40℃的水，泡发20分钟。

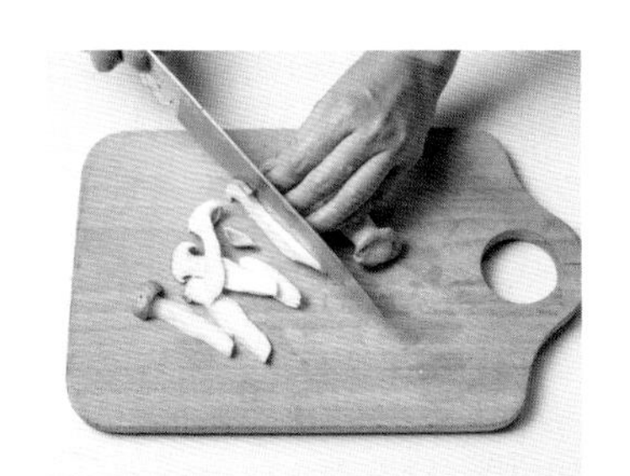

❷ 将鲜杏鲍菇和鲜香菇洗净，竖着切片；白玉菇洗净、切段。

❸ 将泡好的黑豆腐竹铺在有沿口的圆盘子里，再铺上鲜杏鲍菇片、鲜香菇片和白玉菇段。

❹ 蒸锅内倒入适量水烧开，将装有杂菇的盘子放入蒸笼，中大火蒸20分钟。

❺ 将大蒜去皮、洗净，切末放入碗里；芝麻油倒入锅中烧热后倒在蒜末上，再倒入生抽搅拌均匀即成酱料。

❻ 将酱料淋在杂菇上，点缀上香菜叶即可。

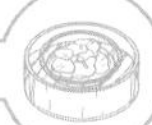

小贴士

□ 泡发腐竹的时候可以加一点盐，盐不仅能够加快腐竹泡发的速度，还能让腐竹的口感鲜嫩劲道。

凉拌毛豆

15分钟
蒸制时间

清蒸
蒸制方式

蒸汽火力

将蒸熟的毛豆加入酸甜微辣的调味汁拌匀，
香糯可口又开胃。

带荚毛豆 ………… 250克

调料

大蒜 ……………… 3瓣
干辣椒 …………… 2根
小葱 ……………… 1根
花椒 ………… 1盐匙
辣椒面 ……… 1盐匙
生抽 …………… 8盐匙
白砂糖 ……… 1盐匙
陈醋 …………… 3盐匙
朝天椒圈 ……… 少许
植物油 ……… 4盐匙

❶ 将带荚毛豆搓洗干净，剪去头尾，用冷水泡约10分钟。

❷ 将处理好的毛豆沥干，均匀地铺在竹蒸笼上备用。

❸ 蒸锅内倒入适量水烧开，放上蒸笼，盖上盖子，大火蒸15分钟，开盖晾凉。

❹ 将大蒜去皮、洗净，切末；小葱洗净。

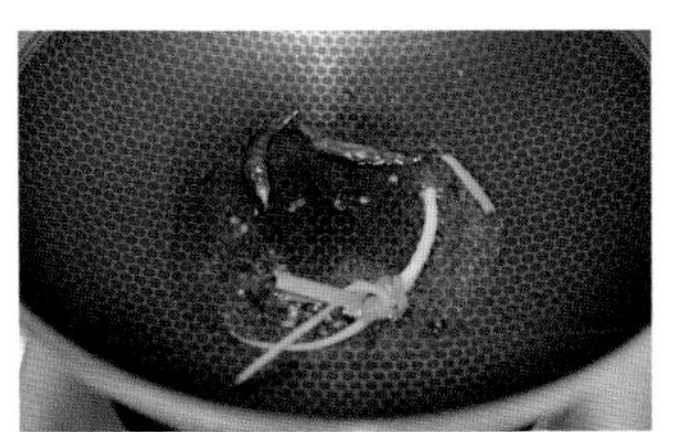

❺ 锅内倒入植物油，中火烧至三成热，倒入花椒、干辣椒和小葱爆香。

❻ 将爆香后的花椒、干辣椒和小葱捞出，倒入蒜末炒香。

❼ 倒入辣椒面、生抽、白砂糖和陈醋，翻炒出香。

❽ 将毛豆装到小碗里，倒入调好的调料搅拌均匀，撒上少许朝天椒圈即可。

蔬菜丸子

15 分钟
蒸制时间

清蒸
蒸制方式

蒸汽火力

蔬菜丸子的颜色丰富多彩，口感也清甜爽口，不喜欢吃蔬菜的小朋友也不会抗拒这份美味。

主料

土豆……………………300克
嫩豆腐 …………………50克
胡萝卜粒 ………………50克
青豆 ……………………50克
玉米粒 …………………50克

调料

玉米淀粉 …………4汤匙
盐 ……………………1盐匙
白砂糖 ……………1盐匙
芝麻油 ……………1汤匙

做法

❶ 将土豆洗净、去皮，切成厚约0.3厘米的薄片。

❷ 将土豆片排成两排放在有沿口的长方形盘子上，放入蒸炖锅，大火蒸10分钟。

❸ 蒸好后取出，放在小碗里，趁热用汤勺按压成泥。

❹ 在土豆泥里加入嫩豆腐和玉米淀粉，用手揉成泥状。

❺ 加入胡萝卜粒、青豆和玉米粒，调入盐、白砂糖和芝麻油，用筷子搅拌均匀。

❻ 取1小块土豆泥，搓成直径约2.5厘米的小丸子。

❼ 将搓好的蔬菜丸子间隔约1厘米排放在有沿口的长方形盘子中，放入蒸炖锅。

❽大火蒸15分钟即可。

清蒸白萝卜

10分钟
蒸制时间

清蒸
蒸制方式

蒸汽火力

大火速蒸的白萝卜既保留了其充足的水分和膳食纤维，又去除了其辛辣的味道，配上鲜香的酱汁，开胃生津、通气润肺。

主料

白萝卜 ……………… 1根

调料

胡萝卜 …………50克
芝麻油 ………2汤匙
玉米淀粉…… 1盐匙
生抽………… 1汤匙
植物油 ………3盐匙
葱花……………… 少许

做法

❶ 将白萝卜洗净、去皮，竖着对半切开，再切成厚约0.3厘米的薄片。

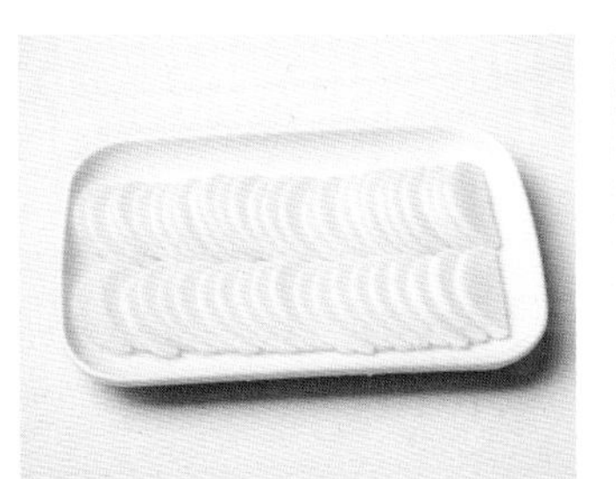

❷ 将切好的白萝卜片整齐地排放在有沿口的长方形盘子中。

❸ 将装有白萝卜片的长方形盘子放入蒸炖锅，大火蒸10分钟，开盖晾凉。

❹ 将胡萝卜洗净、切碎，放在小碗里备用。

❺ 锅内倒入植物油，中火烧至五成热，将胡萝卜碎放入爆香；将90毫升纯净水和玉米淀粉调匀，倒入锅里，调入生抽和芝麻油煮开即成酱汁。

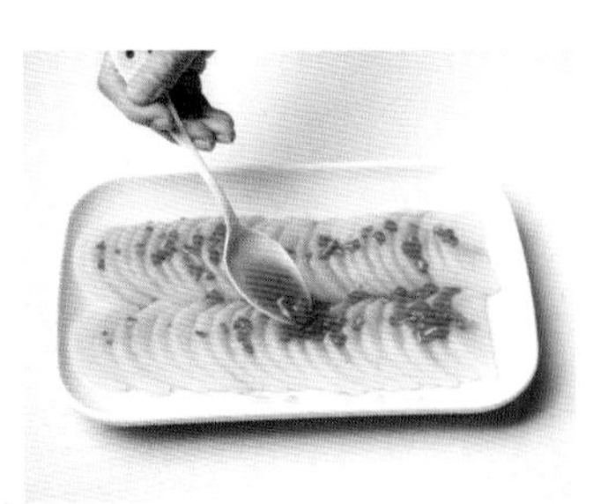

❻ 将酱汁均匀地淋在白萝卜片上，撒上少许葱花即可。

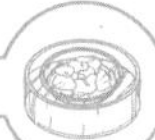

小贴士

□ 萝卜选用长白萝卜为佳，嫩而多汁，更容易熟。

□ 因为生抽有一定的咸味，酱汁中未放盐，可以根据个人口味，决定放不放盐。

豆皮胡萝卜卷

10分钟 蒸制时间

清蒸 蒸制方式

蒸汽火力

清香满溢的豆皮包裹着鲜嫩的胡萝卜丝，口感丰富，而且胡萝卜富含胡萝卜素，适量食用能帮助人们缓解视疲劳。

主料

豆皮……………… 100克
胡萝卜 ……………… 1根

盐 ………………1/2盐匙
芝麻油 ………… 1汤匙
生抽……………… 1汤匙

❶ 将胡萝卜洗净、去皮，切丝，放在盘子里备用。

❷ 将豆皮放在碗里用温水浸泡10分钟，使其变软。

❸ 将胡萝卜丝焯水，捞出沥干备用。

❹ 在胡萝卜丝里调入盐，用筷子搅拌拌匀。

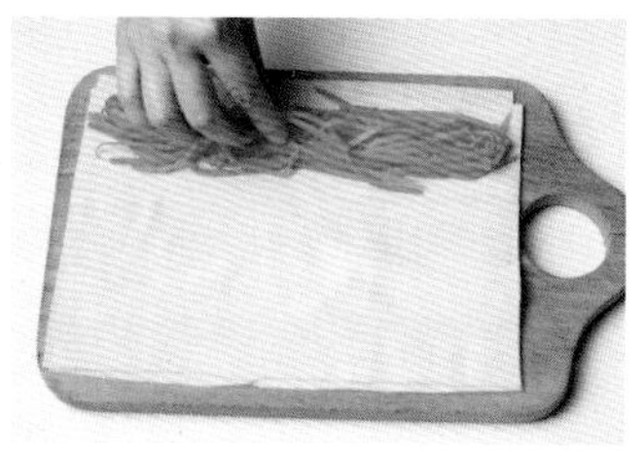

❺ 将泡软的豆皮沥干，平铺在案板上，将胡萝卜丝放在豆皮一侧。

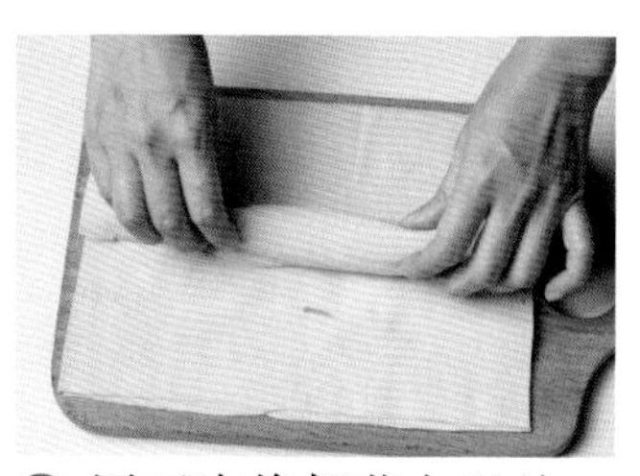

❻ 用豆皮将胡萝卜丝从一边往另一边卷起来。

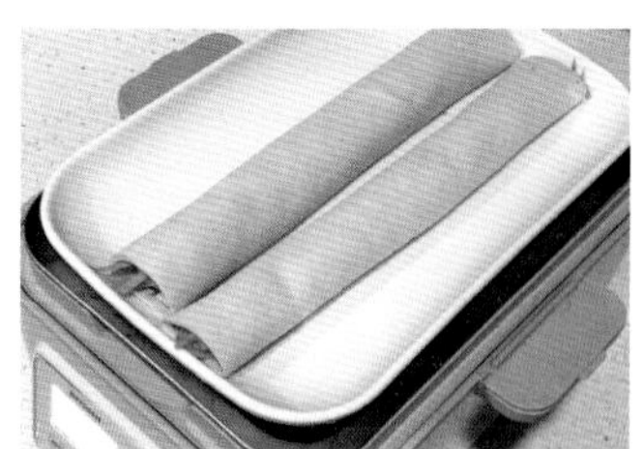

❼ 将卷好的豆皮放在有沿口的长方形盘子里，放入蒸炖锅，中大火蒸10分钟。

❽ 蒸好后取出，切成约2厘米宽的小段放入盘中；将芝麻油和生抽搅拌均匀，淋在豆皮上即可。

苦瓜酿紫薯

15分钟 蒸制时间

酿蒸 蒸制方式

蒸汽火力

夏季食用苦瓜可祛暑降火，但很多人因其苦味而对其敬而远之。这道菜用甘甜紫薯作馅并搭配苦瓜蒸制，还调入了蜂蜜，很好地中和了苦瓜的苦味。

主料

苦瓜……………………1根

紫薯……………………50克

调料

蜂蜜……………………2汤匙

做法

❶ 紫薯洗净、去皮，切成厚约0.4厘米的薄片，排放在有沿口的长方形盘子里，放入蒸炖锅，大火蒸10分钟。

❷ 将蒸好的紫薯趁热用勺子压成泥，调入1汤匙蜂蜜搅拌均匀。

❸ 苦瓜洗净，切成宽约1厘米的段，将苦瓜的瓤用勺子挖出来。

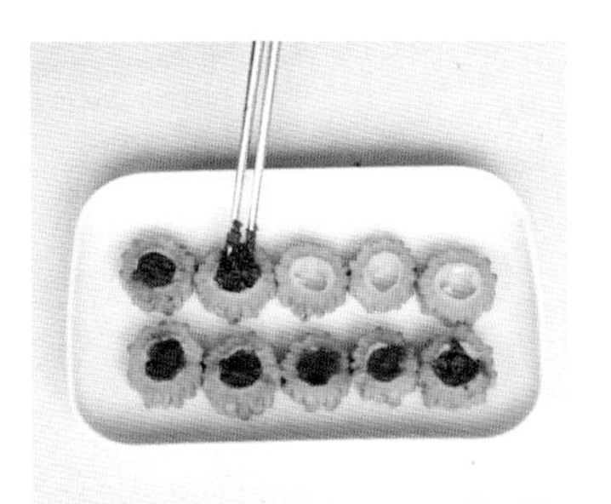

❹ 将苦瓜排放在有沿口的长方形的盘子里，将紫薯泥填入苦瓜圈内。

❺ 将装有苦瓜的盘子放入蒸炖锅，大火蒸5分钟。

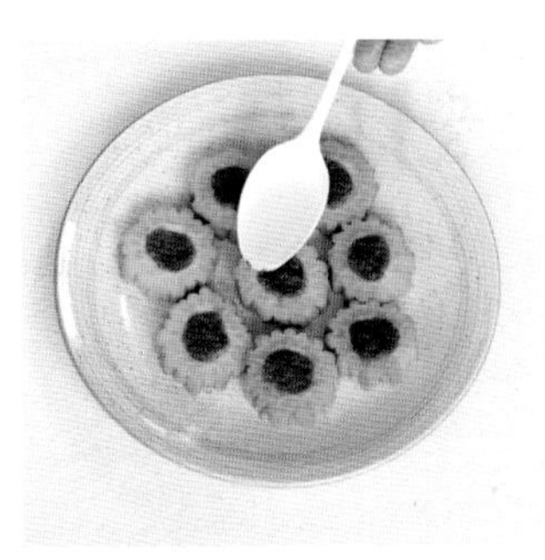

❻ 将蒸好的苦瓜取出，淋上1汤匙蜂蜜即可。

小贴士

□ 苦瓜圈处理好后，可以先用开水焯一下，开水中加入适量盐，焯好后再过一下冷水，这样能更好去除苦瓜的苦味，还能保持苦瓜的翠绿色泽。

虫草花拌木耳

10分钟
蒸制时间

清蒸
蒸制方式

蒸汽火力

虫草花和木耳含有丰富的维生素和矿物质，适量食用有助于调节人体免疫力。清蒸的方法，滋补而不油腻，清香味美。

主料

鲜虫草花……………80克
干木耳………………10克
莴笋…………………150克

调料

大蒜…………………4瓣
生抽…………………2汤匙
芝麻油………………4盐匙
葱花…………………少许

做法

❶ 干木耳提前用温水泡发1小时后洗净，撕小朵。

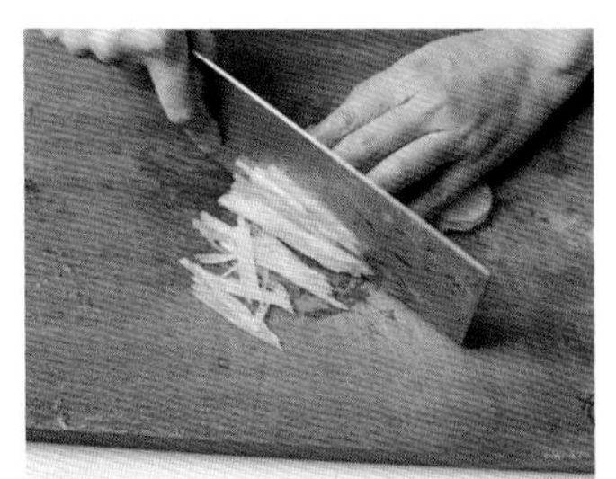

❷ 莴笋洗净、去皮，切细丝。

❸ 鲜虫草花洗净，沥干。

❹ 将木耳、莴笋丝和虫草花摆放在有沿口的长方形盘子上，淋上少许芝麻油。

❺ 将装有菜品的长方形盘子放入蒸炖锅，大火蒸10分钟后取出装盘。

❻ 大蒜洗净、切末后放在碗里；将芝麻油倒入锅里烧热后倒在蒜末上，再倒入生抽搅拌均匀即成酱料，淋在蒸好的菜上，最后撒上葱花即可。

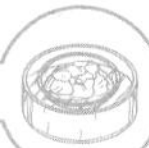

小贴士

□ 如果买到的是干虫草花，需要提前用温水浸泡5~10分钟。

蒜蓉蒸茄子

15分钟
蒸制时间

清蒸
蒸制方式

蒸汽火力

茄子肉质细腻，含有丰富的膳食纤维和较高的维生素E，清蒸的方式调出茄子本身的香甜，又能尽量减少对营养的破坏。

主料

茄子……………………1根

调料

大蒜……………………6瓣
小葱……………………1根
朝天椒…………………2根
头抽……………………2汤匙
白砂糖…………………1/2盐匙
芝麻油…………………3汤匙

做法

❶ 将茄子洗净，对半切两次，再切成长约8厘米的长条。

❷ 将切好的茄条分两层摆放在有沿口的圆盘中部，放入蒸笼。

❸ 蒸锅内倒入适量水烧开，放入蒸笼，大火蒸15分钟后取出摆放茄条的圆盘，倒掉盘中多余的汁水。

❹ 将小葱、朝天椒洗净，切碎；大蒜去皮、洗净，切末，放在盘子中备用。

❺ 将头抽倒入碗里，调入白砂糖，搅拌均匀。

❻ 锅中倒入芝麻油，烧至五成热，倒入蒜末、朝天椒碎和葱碎爆香后盛出。

❼ 将拌好的头抽均匀地淋在蒸好的茄子上。

❽ 淋上蒜末、朝天椒、小葱酱料即可。

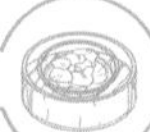

小贴士

□ 头抽指发酵酱油中首次抽取的原汁，头抽口感鲜美，呈清澈的红褐色，味道较咸。头抽也可以倒入爆香后的酱料里，搅拌均匀后淋在蒸好的茄子上。

红椒蒸西葫芦

8分钟 蒸制时间

清蒸 蒸制方式

蒸汽火力

西葫芦皮薄、肉厚、汁多，蒸的烹饪方式，保留了其丰富的维生素C，既有润泽肌肤之效，还有清热利尿的作用，十分适合夏天食用。

主料

西葫芦………………1根

调料

红椒………………1根
洋葱……………1/2个
大蒜………………4瓣
盐……………1/5盐匙
蚝油……………1盐匙
生抽……………1汤匙
植物油…………1汤匙
葱花………………适量

做法

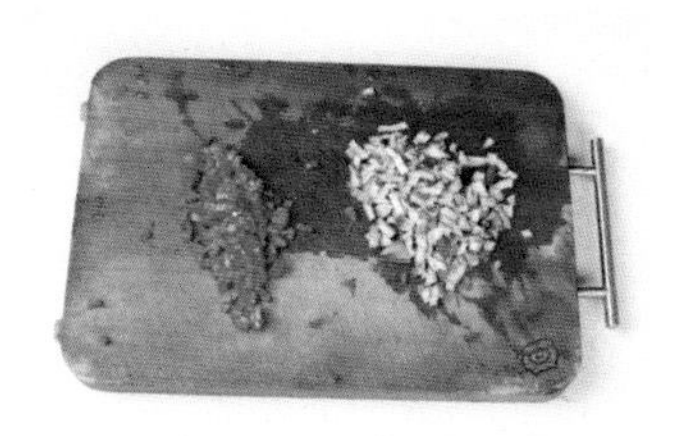

❶ 红椒洗净、去子，切碎；大蒜去皮、洗净，切末；洋葱洗净、切碎。

❷ 锅内倒入植物油，烧至三成热，倒入蒜末爆香。

❸ 倒入洋葱碎和红椒碎爆香，翻炒均匀。

❹ 加入盐、蚝油、生抽和60毫升纯净水翻炒至沸腾，盛出备用。

❺ 将西葫芦洗净，切成厚约0.3厘米的薄片。

❻ 取一个有沿口的圆盘，将西葫芦片沿着盘边叠放围成一个圈。

❼ 将酱汁均匀地淋在西葫芦片上，多余的酱汁放在西葫芦片围成的圈处。

❽ 将装有西葫芦片的圆盘放入蒸笼。

❾ 蒸锅内倒入适量水烧开，放入蒸笼，大火蒸8分钟后取出，点缀上葱花即可。

粉丝蒸白蘑菇

10分钟
蒸制时间

酿蒸
蒸制方式

蒸汽火力

白蘑菇含有多种人体所需的氨基酸和微量元素，能很好地调节人体的免疫力；粉丝与白蘑菇一同蒸制，吸收了白蘑菇的鲜味，鲜香开胃。

主料

白蘑菇……………………5个
龙口粉丝…………………50克

调料

大蒜………………………6瓣
玉米油……………………2汤匙
生抽………………………2汤匙
白砂糖……………………1/2盐匙
葱花………………………适量

❶ 将白蘑菇的根部去除，洗净，放在盘子里备用。

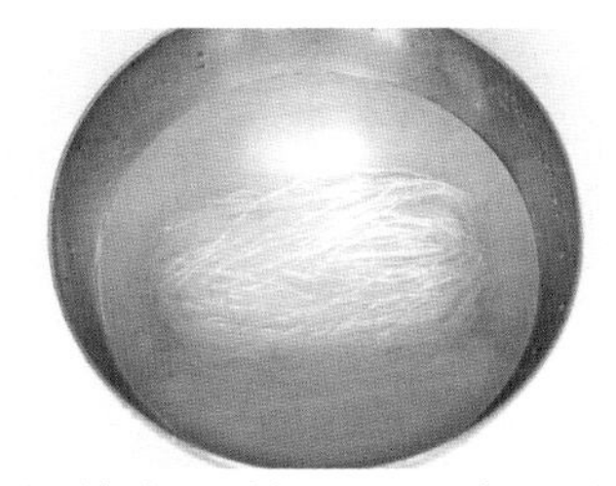

❷ 将龙口粉丝用温水泡发约10分钟，备用。

❸ 大蒜去皮、洗净，切末。

❹ 锅内倒入玉米油，烧至五成热，将2/3的蒜末倒入锅中爆香至金黄色。

❺ 将爆香的蒜末倒在碗里，倒入剩下的1/3蒜末、生抽、1汤匙开水和白砂糖搅拌均匀。

❻ 将泡好的龙口粉丝铺在有沿口的圆盘中。

❼ 将处理好的白蘑菇底部朝上，围成一个圈放在粉丝上。

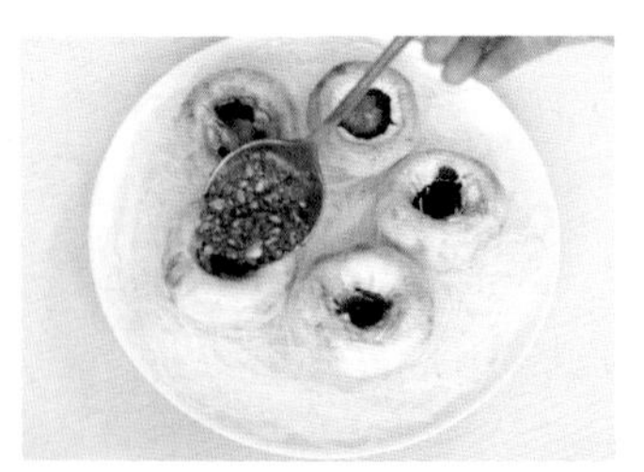

❽ 将金银蒜酱汁倒在白蘑菇底部的凹陷内和粉丝上。

❾ 蒸锅内倒入适量水烧开，将装有粉丝和白蘑菇的盘子放入蒸笼，大火蒸10分钟后取出，点缀葱花即可。

辣拌黄豆芽

8 分钟	清 蒸	 
蒸制 时间	蒸制 方式	蒸汽 火力

主料

黄豆芽 ……………… 100克

调料

辣椒粉 ……………… 1汤匙
盐 …………………… 1/5盐匙
芝麻油 ……………… 2汤匙
白砂糖 ……………… 1/2盐匙

做法

❶ 将黄豆芽洗净、沥干，放在碗中备用。

❷ 将黄豆芽均匀地铺在有沿口的长方形盘子里。

❸ 将装有黄豆芽的盘子放入蒸炖锅，大火蒸8分钟。

❹ 蒸好后取出，倒掉多余的汁水，调入辣椒粉、盐、白砂糖和芝麻油。

❺ 用筷子搅拌均匀即可。

豆豉蒸辣椒

8分钟	清蒸	🔥🔥🔥
蒸制时间	蒸制方式	蒸汽火力

主料

牛角椒 ·············· 150克

调料

豆豉 ······················ 2盐匙

大蒜 ························ 2瓣

芝麻油 ·············· 1汤匙

生抽 ···················· 1汤匙

做法

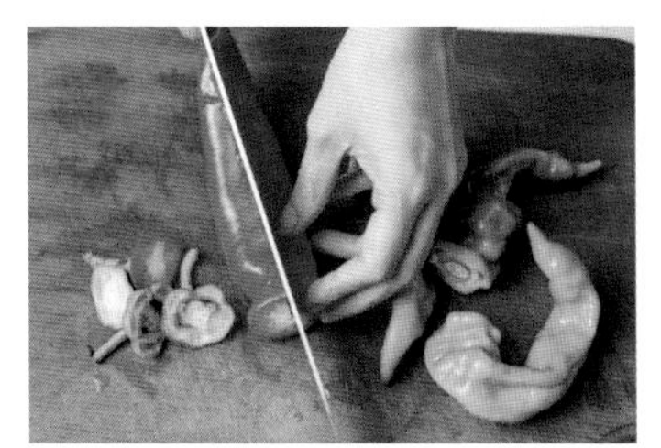

❶ 将牛角椒洗净，切掉蒂部，竖着从中间切开，去掉子。

❷ 将去掉子的牛角椒切成长约4厘米的小段，放在有沿口的圆盘里备用。

❸ 大蒜去皮、洗净，切末，倒在处理好的牛角椒上。

❹ 将豆豉用冷水稍微冲洗一下，倒在蒜末上，用筷子搅拌均匀。

❺ 将装有牛角椒的盘子放入电蒸锅，大火蒸8分钟。

❻ 蒸好后取出，淋上芝麻油和生抽，搅拌均匀即可。

鲜味冬瓜盅

90分钟	酿蒸	
蒸制时间	蒸制方式	蒸汽火力

瑶柱、虾米、鱿鱼三种食材的味道互相融合，鲜香扑鼻；以冬瓜做盅，不仅清甜可口，还能衬出各式海鲜的鲜美。

冬瓜头或尾…………1个
干瑶柱……………15克
虾米………………15克
鱿鱼干……………20克

盐…………………1盐匙

做法

❶ 将干瑶柱、虾米和鱿鱼干分别放在碗中，用温水泡发，泡发好的水不要倒掉，留着备用。

❷ 将冬瓜洗净，挖出中间的瓤以及其连着的少许的肉。

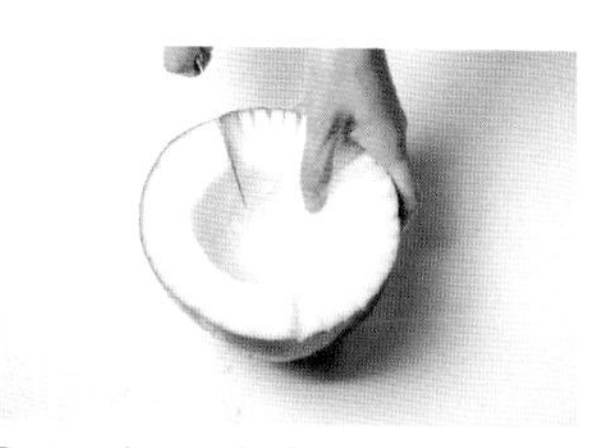

❸ 用小刀在冬瓜切口上按三角形切出花形。

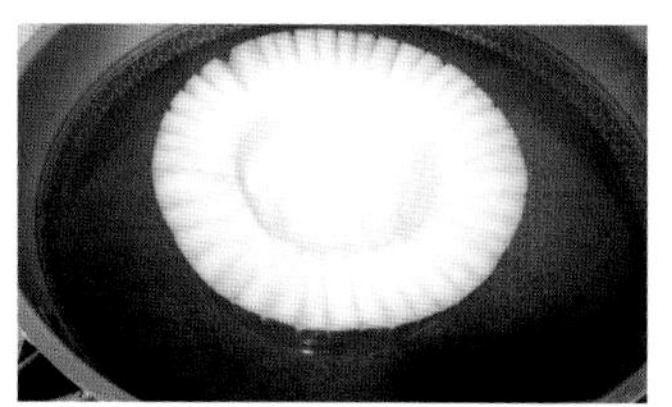

❹ 锅里倒入适量水烧开，将冬瓜放进去烫一下皮，捞起后用冷水冲一下。

❺ 将冬瓜放在一个有沿口的圆盘上，将泡发好的瑶柱、虾米和鱿鱼倒在冬瓜中间的洞里。

❻ 将泡发干瑶柱、虾米和鱿鱼干的水倒入冬瓜洞。

❼ 将装有冬瓜盅的盘子一起放入蒸笼。

❽ 蒸锅内倒入适量水烧开，放上蒸笼，小火蒸1.5~2小时，取出调入盐即可。

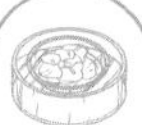

清蒸豆腐

5 分钟
蒸制时间

清蒸
蒸制方式

蒸汽火力

豆腐营养很高，含蛋白质、钙等营养素，蒸的方法既保留了豆腐本身柔嫩的口感，又大大保存了其丰富的营养。

主料

豆腐……………………1块

调料

葱花………………2盐匙
朝天椒……………1根
大蒜………………4瓣
生抽………………2汤匙
芝麻油……………4盐匙

做法

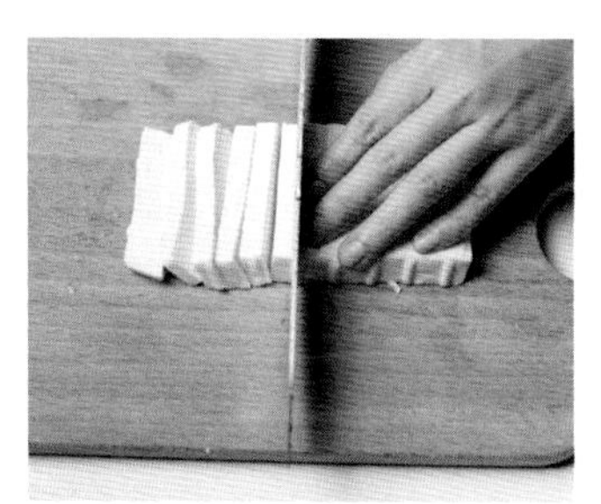

❶ 将豆腐切成厚约0.5厘米的片。

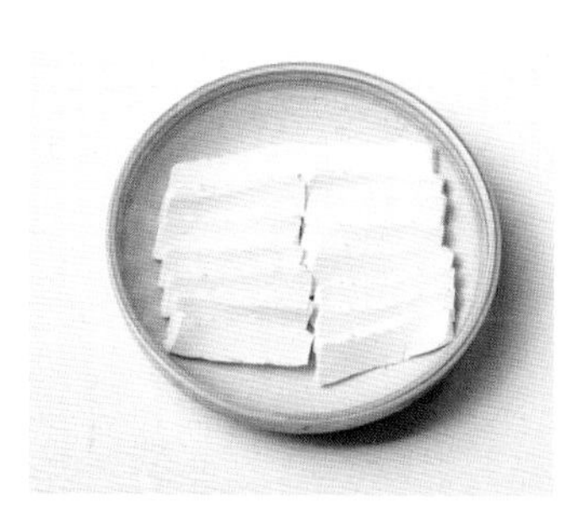

❷ 将豆腐片分两排叠放在有沿口的圆盘上。

❸ 将装有豆腐片的盘子放入电蒸锅，中大火蒸5分钟。

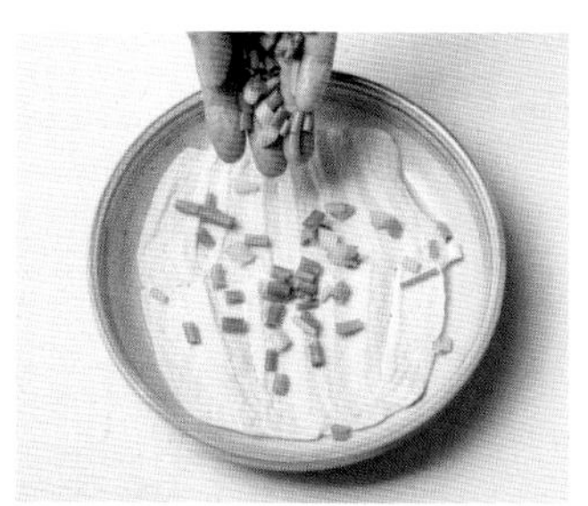

❹ 将蒸好的豆腐取出，均匀地撒上葱花。

❺ 大蒜去皮、洗净，切末；朝天椒洗净，切碎，放在碗中备用。将芝麻油倒入锅中，烧热后淋在蒜末上，再调入生抽搅拌均匀即成酱料。

❻ 将酱料淋在豆腐上即可。

小贴士

□ 豆腐在蒸制前可以先用盐水泡一会儿。这样豆腐不容易碎，口感也更好。

第三章
健康蒸肉

豆豉蒸凤爪

20分钟
蒸制时间

清蒸
蒸制方式

蒸汽火力

茶餐厅的蒸凤爪一般先炸后蒸，一吮就脱骨，再加上豆豉、蒜蓉等调和的酱料，味道鲜美。在家自制蒸凤爪不经油炸，减少了热量，适当延长蒸制时间，这样口感也能很软糯。

鸡爪 ·················· 250克

调料

蒜蓉 ·············· 1汤匙
豆豉 ·············· 1汤匙
生抽 ··············2汤匙
姜片 ················· 少许
朝天椒圈 ·········· 少许
香菜碎 ············· 少许

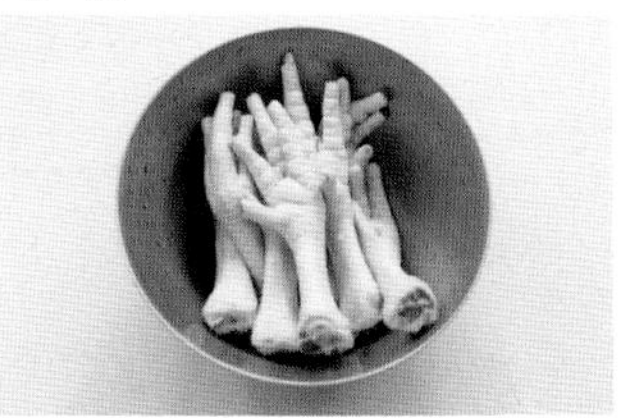

❶ 将鸡爪的趾甲剪去，洗净备用。

❷ 锅里倒入适量水，放入少许姜片，水烧开后倒入鸡爪，煮5~10分钟后捞出，用冷水反复冲洗。

❸ 将冲洗好的鸡爪沥干，放在有沿口的圆盘上。

❹ 将豆豉和蒜蓉均匀地撒在鸡爪上。

❺ 再将1汤匙生抽均匀地淋在鸡爪上。

❻ 将装有鸡爪的盘子放入蒸笼。

❼ 蒸锅内倒入适量水烧开，放上蒸笼，中大火蒸20分钟，取出。

❽ 按个人口味撒上朝天椒圈和香菜碎，再淋上生抽即可。

鸡肉芦笋

10
分钟

蒸制
时间

清
蒸

蒸制
方式

蒸汽
火力

芦笋含有较多的膳食纤维，与鸡肉同蒸，不仅味道鲜美，而且营养更丰富；在蒸制前简单焯水，能去除其中的苦涩味。

主料

鸡胸肉 ……………… 150克

芦笋 ……………… 150克

胡萝卜 ……………… 30克

鲜香菇 ……………… 20克

调料

胡椒粉 ……… 1/2盐匙

盐 ……………… 1/2盐匙

玉米淀粉 ……… 3盐匙

芝麻油 ………… 1盐匙

白砂糖 …………3盐匙

做法

❶ 将鲜香菇和胡萝卜洗净，切碎。

❷ 鸡胸肉洗净，放入搅肉机中搅碎成蓉。

❸ 将鲜香菇碎、胡萝卜碎、胡椒粉、盐、芝麻油、1盐匙玉米淀粉和1盐匙白砂糖倒在鸡蓉上，搅拌均匀。

❹ 将芦笋洗净，对半切成两段（每段约10厘米），取其前半段。

❺ 取一块鸡肉馅用手揉圆，稍稍压扁，将前半段芦笋放在鸡肉馅中间，轻轻按压进鸡肉馅。

❻ 用手轻轻将鸡肉馅揉捏成梭形，把芦笋包起来。

❼ 依次包好剩下的芦笋。将包好的芦笋整齐地放在有沿口的圆盘上，间隔约1厘米。

❽ 蒸烤箱加满水，预热100℃，放入装有芦笋鸡肉的盘子，选择蒸的功能，蒸10分钟。

❾ 锅内倒入2盐匙玉米淀粉、50毫升纯净水和2盐匙白砂糖，搅拌均匀，中火煮沸，均匀地淋在鸡肉上即可。

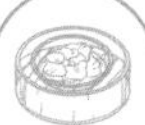

虫草花蒸鸡腿

15 分钟	清 蒸	
蒸制 时间	蒸制 方式	蒸汽 火力

天然菌类虫草花，与鸡腿一同蒸煮，不用加一滴油，简单放些干红枣、枸杞、姜片和盐调味，原汁原味，色泽诱人。

主料

鸡腿……………………2个
鲜虫草花…………20克
干红枣……………2颗
枸杞子……………10克

调料

姜片………………少许
生抽…………1汤匙
盐…………1/2盐匙
生粉…………1盐匙
芝麻油…………2盐匙
葱花………………少许

❶ 将干红枣去核，竖着切成约0.5厘米的小条。

❷ 将鸡腿洗净、去血水，放在有一定深度的盘子里备用。

❸ 将洗净的鲜虫草花、干红枣条、枸杞子和所有调料倒入盘子里，搅拌均匀。

❹ 蒸锅内倒入适量水烧开，将装有鸡肉的盘子放入蒸笼，中大火蒸15分钟后取出，撒上少许葱花即可。

小贴士

□ 鸡腿处理时可以切块或者在表面用刀划几道，这样更容易蒸熟入味。

□ 购买虫草花时可以先闻一闻，通常优质的虫草花有香菇般的清香，劣质的虫草花有刺鼻的味道。

广式水蒸鸡

30分钟	清蒸	
蒸制时间	蒸制方式	蒸汽火力

水蒸鸡做法简单，与葱、姜搭配，不用炸炒煎炸，尽可能地保留了鸡肉的原汁原味，蒸好的汤水也不要倒掉，可用来煮面，也很有营养。

主料

三黄鸡 ……………… 1只

调料

盐 ……………… 1汤匙

小葱 …………… 1小把

姜片 ……………… 少许

做法

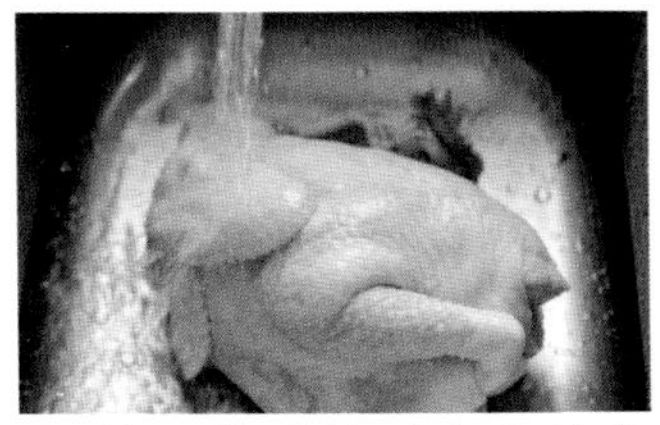

❶ 将三黄鸡的毛和内脏去除、洗净，将鸡脚按压进鸡肚子里。

❷ 将三黄鸡沥干水，均匀地抹上盐，放在有一定深度的圆盘里，腌制30分钟。

❸ 将小葱洗净、对折，和姜片一起塞进三黄鸡的肚子里。

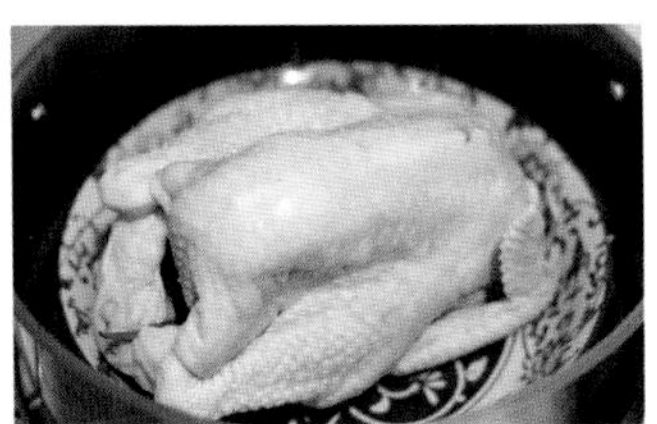

❹ 将装有三黄鸡的盘子放入蒸笼。

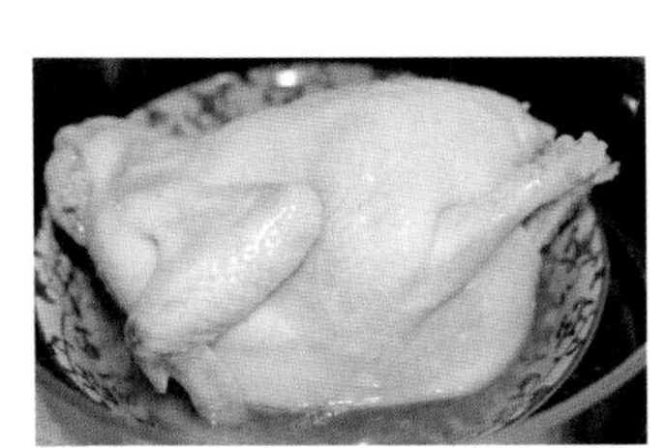

❺ 蒸锅内倒入适量水烧开，放上蒸笼，中火蒸30分钟即可。

小贴士

☐ 这道菜原料要新鲜，最好是用现杀的农家鸡或是三黄鸡，吃起来最香。

☐ 盐要抹得均匀，抹的时候最好多给鸡“按摩”几下，这样更入味。

☐ 蒸制的时间要根据鸡的大小来调节，一般3斤的鸡要蒸30分钟。

冬菇蒸鸡

20分钟
蒸制时间

清蒸
蒸制方式

蒸汽火力

冬菇皮肉厚，经过蒸炖之后味鲜爽滑，汤汁香浓醇厚。与鸡肉搭配，营养更均衡。

主料

鸡……………………1/2只
干冬菇……………15克

调料

生姜……………1/2块
料酒……………1盐匙
生粉……………1盐匙
盐……………1/2盐匙
白砂糖………1/4盐匙
生抽……………1汤匙
芝麻油…………1汤匙
葱花……………少许

做法

❶ 干冬菇洗净，提前用冷水泡发1小时。

❷ 将鸡处理干净，斩成小块，放在碗里备用。

❸ 将泡发好的冬菇冲洗干净，沥干后对半切开；生姜洗净、切丝。

❹ 将冬菇块和生姜丝倒入装有鸡肉块的碗里，调入料酒、盐、白砂糖、生抽搅拌均匀，再倒入生粉、芝麻油，腌制30分钟，使其入味。

❺ 将腌制好的鸡肉放入有沿口的圆盘中，放入蒸笼。

❻ 蒸锅内倒入适量水烧开，放上蒸笼，中火蒸20分钟后取出，撒上少许葱花即可。

小贴士

□ 如果室温较高，而腌制鸡肉时间较长，建议放入冰箱冷藏腌制，不仅能防止变质，还能让鸡肉更加入味。

□ 干冬菇泡发要用冷水，不能用开水，会使其香味损失。浸润过冬菇的水可以留下来，加上火腿一起煮制片刻，也是一道好汤。

沙参石斛乌鸡汤

90分钟	清蒸	
蒸制时间	蒸制方式	蒸汽火力

乌鸡汤是经典粤菜，用乌鸡、阿胶、黄精、桂圆、红枣、枸杞子等食材制作而成。家常做乌鸡汤，不用添加过多调料，原味更营养。

主料

乌鸡……………… 1/4只
沙参………………20克
石斛………………10克
玉竹………………10克
麦冬………………10克
干百合……………10克
无花果……………15克
枸杞子……………少许

调料

盐………………1/2盐匙

做法

❶ 将乌鸡去毛、洗净，斩成小块。

❷ 将乌鸡肉汆水，浮沫冲洗干净后沥干备用。

❸ 将主料中除乌鸡和枸杞子外的所有食材放在清水中搓洗一下，作为汤料备用。

❹ 将汤料沥干，放入炖盅。

❺ 将乌鸡块放入炖盅。

❻ 将纯净水倒入炖盅，没过食材约1厘米即可。

❼ 将炖盅盖上盖子，放入蒸笼。

❽ 蒸锅内倒入适量水烧开，放上蒸笼，中小火蒸90分钟后取出，调入盐，撒上少许枸杞子。

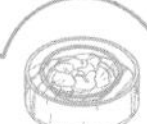

田七乳鸽汤

120分钟
蒸制时间

清蒸
蒸制方式

蒸汽火力

鸽肉搭配田七蒸煮，有益气补血、生津止渴等营养功效。甘甜的桂圆、红枣和枸杞子，很好地中和田七的苦味，美味又滋补。

主料

乳鸽 ………………… 1只
田七 …………………10克
桂圆干 ………………10克
干红枣 ………………3颗
枸杞子 ………………10克

调料

姜片 ……………… 适量
盐 ………… 1/2盐匙

做法

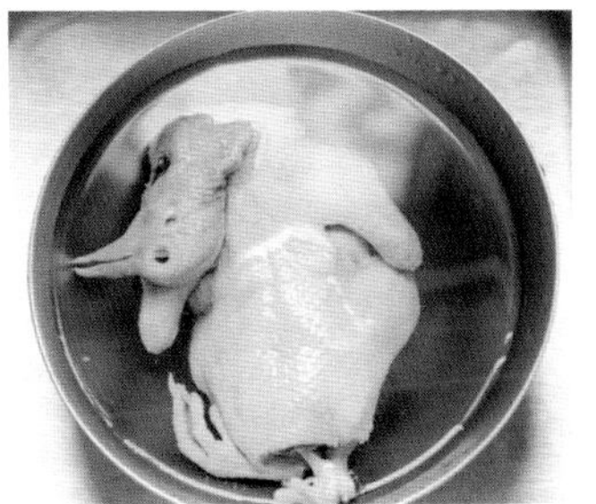

❶ 将田七、桂圆干、干红枣洗净；将乳鸽的毛和内脏去除，洗净备用。

❷ 将乳鸽放入炖盅，倒入适量姜片。

❸ 将田七、桂圆干和干红枣倒入炖盅。

❹ 将400毫升纯净水倒入炖盅，没过乳鸽2~3厘米。

❺ 将装有乳鸽的炖盅放入蒸笼，盖上炖盅盖。

❻ 蒸锅内倒入适量水烧开，放上蒸笼，中大火蒸120分钟后取出，调入盐和枸杞子即可。

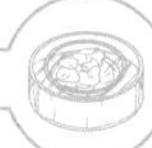

小贴士

□ 因为田七有点苦味，可以在汤中加入桂圆干或蜜枣来调味；田七有消肿化瘀的功效，所以给孕妇做乳鸽汤时不建议加入田七。

糯米鸡

50分钟
蒸制时间

包蒸
蒸制方式

蒸汽火力

主料

糯米……500克
方形荷叶……12张
鸡腿……1只
干瑶柱……12粒
虾米……4盐匙
干冬菇……10克
腊肠……1根

调料

植物油……2汤匙
盐……1/2盐匙
白砂糖……5盐匙
蚝油……2盐匙
生抽……2汤匙
葱……1根
姜片……2片
料酒……1盐匙
水淀粉……2汤匙

做法

❶ 将浸泡好的糯米沥干，倒入1汤匙植物油，搅拌均匀。

❷ 竹蒸笼上铺上纱布，在纱布上刷层油，倒上糯米，放进蒸锅里，大火蒸30分钟。

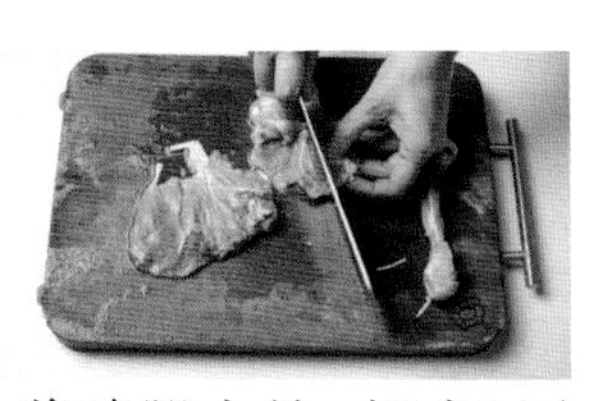

❸ 将鸡腿去骨，切成1厘米见方的小丁；干瑶柱、干冬菇、虾米提前泡发。

❹ 将冬菇切成丁，热油锅，将虾米和瑶柱沥干水分，倒进锅里炒香后盛起备用。

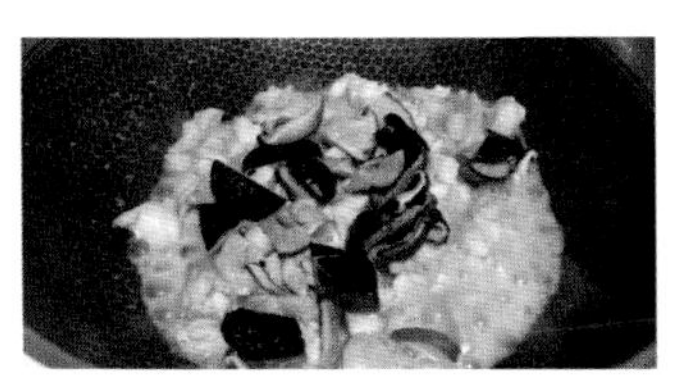

❺ 热油锅，将葱和姜片倒进去爆香后捞出，将鸡腿肉丁倒进锅里翻炒至变色，加入冬菇丁翻炒。

❻ 加入瑶柱、虾米、蚝油、料酒、1盐匙白砂糖和1汤匙生抽翻炒，加入100毫升纯净水翻炒至沸腾，再倒入水淀粉，翻炒至浓稠盛出。

❼ 将腊肠用温水洗净，切成厚约1厘米的段。将剩余的调料全部倒入碗里，搅拌均匀，即成酱汁。趁热将蒸好的糯米饭倒入盆中，淋上酱汁，搅拌均匀。

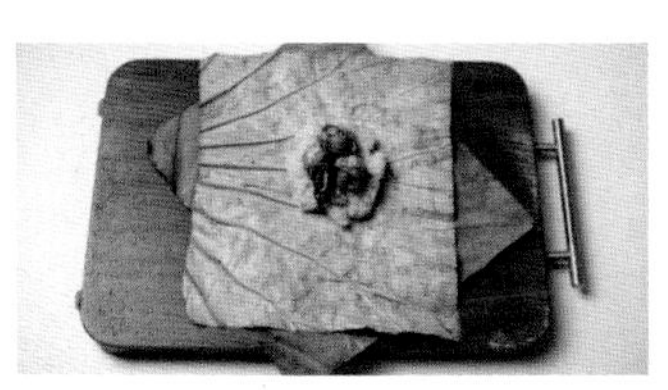

❽ 取2张荷叶、擦干，光滑的面相对，交叉摆放，在有纹路的一面刷上植物油。取65克糯米饭，揉成团后按扁，放在荷叶上，再放上炒好的馅料和腊肠段。

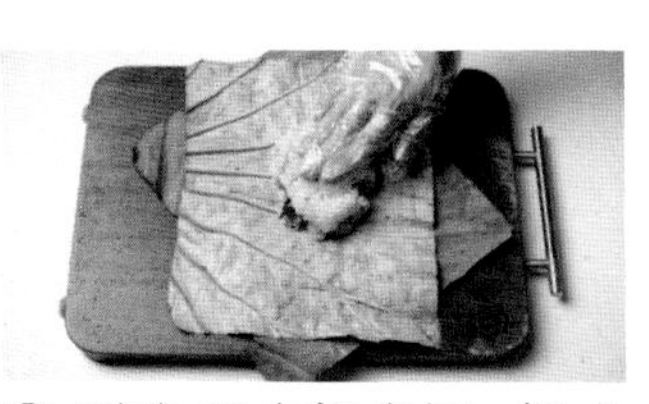

❾ 再取65克糯米饭，揉成团后按扁，盖在馅料上。

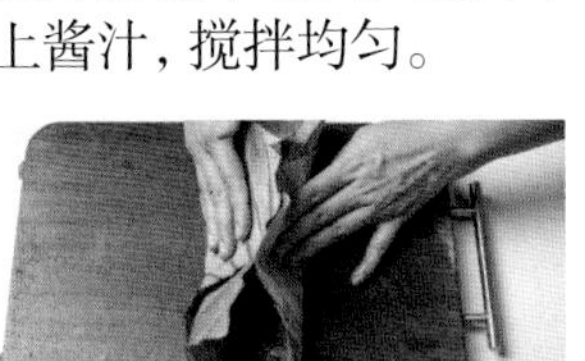

❿ 将荷叶左右折起，用手将糯米饭压实。

⓫ 从上往下翻折，将荷叶的收口处压住。

⓬ 将包好的糯米鸡排放在竹蒸笼里，蒸锅内倒入适量水烧开，放上竹蒸笼，大火蒸20~30分钟即可。

虫草花鸡汤

60分钟 蒸制时间

清蒸 蒸制方式

蒸汽火力

虫草花煮熟或做汤味道鲜美，有独特的芳香气息，能促进食欲。

三黄鸡 ……………1/2只
干黄花菜 ………… 20克
鲜虫草花 ………… 50克
干红枣 ………………6颗

调料

生姜 ……………………1/4块
盐 ……………………… 适量

做法

❶ 将干黄花菜用冷水浸泡约10分钟，取出沥干备用。

❷ 将生姜洗净、切丝；干红枣洗净去核、切成条；鲜虫草花洗净，沥干备用。

❸ 将三黄鸡的毛和内脏去除，洗净、剁成5厘米见方的小块，放入炖盅。

❹ 将除盐外的所有食材放入炖盅，倒满纯净水。

❺ 将炖盅盖上盖子，放入蒸笼。

❻ 蒸锅内倒入适量水烧开，放上蒸笼，小火蒸60分钟后取出，调入盐即可。

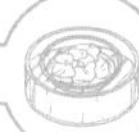

小贴士

☐ 如果是用大的炖盅，建议炖的时间延长至1.5~2小时。

☐ 如果用的是干虫草花，建议用温水提前泡5分钟，这样风味更佳。

原汁椰子炖鸡汤

90 分钟
蒸制时间

清蒸
蒸制方式

蒸汽火力

以椰汁做汤底，清甜可口，不用添加过多的调料，鸡肉清香，鲜而不腻。

主料

椰子……………………2只

三黄鸡……………250克

干红枣………………10克

枸杞子………………5克

调料

生姜………………1/2块

盐………………1/2盐匙

做法

❶ 将椰子从切口处切开，将里面的椰汁倒出备用。

❷ 将生姜洗净、切片；枸杞子冲洗一下；干红枣洗净，竖着切成两半备用。

❸ 将三黄鸡斩成4厘米见方的小块，汆水，将浮沫冲洗干净，沥干后放在碗中备用。

❹ 将处理好的三黄鸡块、干红枣和枸杞子放入椰子盅。将倒出来的椰汁分别倒回椰汁盅里。

❺ 盖上椰子盖，放入蒸烤箱，蒸烤箱水箱加满水，预热100℃。

❻ 选择蒸的功能，蒸90分钟后取出，调入盐即可。

小贴士

☐ 不喜欢汤里有油的，可以把鸡皮去掉再进行后续制作。

☐ 喜欢鸡肉软烂点的，炖制的时间可以延长至2~3个小时。

啤酒蒸鸭

20分钟
蒸制时间

清蒸
蒸制方式

蒸汽火力

用啤酒来蒸可以使肉更快变软，肉质细嫩的同时保留更多营养，搭配诸多调味料还能去腥解腻。

主料

鸭肉……………… 300克
啤酒……………… 100克
干香菇…………… 20克

调料

生姜……………… 1/4块
小葱……………… 1根
盐………………… 1/4盐匙
生抽……………… 2盐匙
老抽……………… 1盐匙
玉米淀粉…… 1/2盐匙
黑胡椒粉…… 1/2盐匙
芝麻油…………… 适量
葱花……………… 少许
朝天椒圈………… 少许

做法

❶ 将生姜洗净、切丝；小葱洗净、切段；鸭肉去毛、洗净，斩成4厘米见方的小块备用。

❷ 将干香菇洗净，提前用温水泡发1小时。

❸ 将泡发好的香菇去蒂，再对半切开。

❹ 将鸭肉块放进碗里，倒入姜丝、葱段、香菇块、盐、生抽、老抽、黑胡椒粉和芝麻油。

❺ 将啤酒倒入装有鸭肉块的碗中，搅拌均匀后倒入15毫升纯净水和玉米淀粉，搅拌均匀。

❻ 蒸锅内倒入适量水烧开，将装有鸭肉的盘子放入蒸锅，大火蒸20分钟后取出，撒上葱花和朝天椒圈即可。

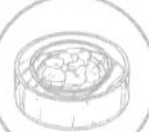

小贴士

□ 鸭肉腥味比较大，而且肉厚，所以蒸之前可以多腌10分钟，多“按摩”2~3分钟，会更入味且更容易蒸软烂。

□ 鸭肉一定要大火蒸才会烂，蒸的过程中可以用筷子戳一下，看看软烂程度；喜欢软烂点的，蒸制的时间可以延长至2~3个小时或者使用高压锅蒸。

自制午餐肉

35分钟
蒸制时间

包蒸
蒸制方式

蒸汽火力

相比于市售的午餐肉，自制午餐肉不仅口感细腻，有嚼劲，而且不含香精，家人吃得更安心。稍微添加一点红曲粉，午餐肉的颜色会更加诱人。

猪前腿肉馅………600克

调料

玉米淀粉………50克
面粉………………50克
鸡蛋………………1个
姜汁…………1盐匙
白砂糖………1汤匙
生抽…………1汤匙
盐………………1盐匙
五香粉………1盐匙
红曲粉………1/2盐匙
玉米油…………适量

❶ 将70毫升纯净水、鸡蛋、玉米淀粉和面粉倒入盆中，搅拌均匀成面糊。

❷ 将猪前腿肉馅倒入面糊，搅拌均匀。

❸ 将剩下的除玉米油外的所有调料倒入装有猪前腿肉的碗里。

❹ 将肉泥顺着一个方向用筷子用力搅拌，直至起劲。

❺ 将搅拌好的肉泥均匀装入刷了玉米油的长方形模具里。

❻ 蒸锅内倒入适量水烧开，将装好肉泥的模具盖上保鲜膜，放上蒸笼，中火蒸35分钟后取出，晾凉切片。

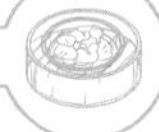

小贴士

□ 一般猪前腿肉肥瘦相间、鲜嫩细腻，比紧实的后腿肉更适合用来做午餐肉。

腊肠蒸花菜

8分钟
蒸制时间

清蒸
蒸制方式

蒸汽火力

花菜口感相对平淡，与色香味俱全的广式腊肠一同蒸制，变得软嫩多汁，同时也消解了肉类脂肪带来的油腻。

主料

花菜……………………1/2个
广式腊肠……………2根

调料

大蒜……………………3瓣
生抽…………………1汤匙
白砂糖…………1/2盐匙
葱花……………………少许

做法

❶ 将花菜洗净，切成小块，均匀地放在有沿口的圆盘里备用。

❷ 将广式腊肠洗净，斜刀切成厚约0.3厘米的薄片。

❸ 大蒜去皮、洗净，切末后倒入生抽和白砂糖，用筷子搅拌均匀。

❹ 将调好的酱汁均匀地淋在花菜上。

❺ 在花菜上面的中间摆上广式腊肠片，最上层中间可以放一小块花菜作为点缀。

❻ 蒸锅内倒入适量水烧开，将装有花菜的圆盘放入蒸笼，大火蒸8分钟后取出，撒上少许葱花即可。

小贴士

□ 广式腊肠偏甜，可以根据自己的口味换成其他的腊肠，如川味腊肠等。

□ 花菜不要焯水，直接蒸制，这样花菜能更好地吸收腊肠的鲜香。

豆角酿肉

10
分钟
蒸制
时间

酿
蒸
蒸制
方式

蒸汽
火力

长豆角 ……………………6根
猪肉碎 ……………… 100克
枸杞子 ……………………6颗

调料

盐 ………………… 1/2盐匙
芝麻油 ……………2汤匙
大蒜 ……………………3瓣
生粉 …………………2盐匙
生抽 ………………2盐匙
料酒 ………………1盐匙
蚝油 ………………1盐匙

❶ 将1汤匙芝麻油、1/4盐匙盐、1盐匙生粉、1盐匙生抽和料酒倒入猪肉碎中，用筷子顺着一个方向搅至起胶备用。

❷ 将长豆角洗净，掐去头尾。锅中倒入适量水烧开，倒入剩下的盐和芝麻油，放入长豆角烫熟，捞出过冷水后沥干。

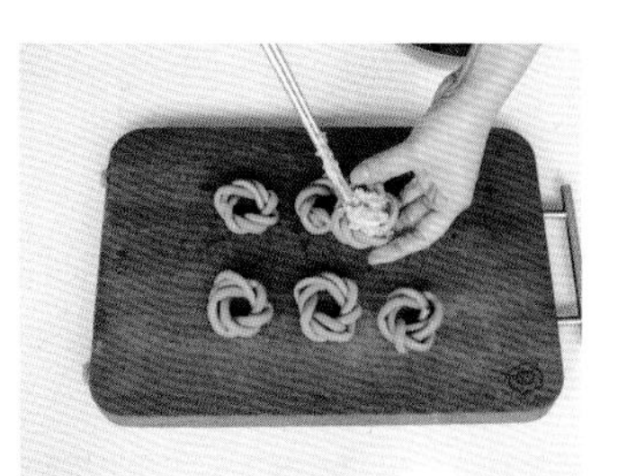

❸ 取1根长豆角，从中间处打一个结，形成一个圆，再顺着圆编成花环状。依次将所有的豆角编好。将猪肉馅放入豆角花环中。

❹ 将豆角花环摆放在有沿口的圆盘中，可以在每个肉馅中间放上一颗枸杞子作为装饰。

❺ 蒸锅内倒入适量水烧开，将豆角花环放入蒸笼，大火蒸10分钟，蒸汁倒入碗中备用。

❻ 大蒜去皮、洗净，切末。锅内倒入蒜末爆香，加入剩余生抽、蚝油，再倒入蒸汁煮开，最后倒入生粉和25毫升纯净水调成水淀粉，淋在豆角上即可。

莲藕酿肉

20分钟
蒸制时间

酿蒸
蒸制方式

蒸汽火力

挑选孔洞较大的莲藕，薄薄的两片莲藕间夹上调过味的肉馅，一番酿蒸，更加温润可口。一口下去，藕的脆爽与肉的香糯在口中碰撞，齿颊留香。

主料

莲藕……………………1节
猪肉馅……………200克
鸡蛋……………………1个
干冬菇………………4个

调料

黑胡椒粉……1/5盐匙
盐……………1/2盐匙
生抽……………1汤匙
蚝油……………1盐匙
胡萝卜丁………适量
葱花………………适量

❶ 将干冬菇洗净、提前泡发1小时后沥干，切碎备用。

❷ 将鸡蛋清和蛋黄分离，蛋清倒入猪肉馅中，用筷子搅拌至鸡蛋清融入肉馅。

❸ 加入黑胡椒粉、盐、生抽、蚝油搅拌均匀。

❹ 将莲藕洗净，切成厚约0.5厘米的薄片。

❺ 取2片莲藕片，取适量猪肉馅放在2片莲藕片中间，用力按压紧。依次将所有的莲藕片做好，放在有沿口的圆盘里备用。

❻ 蒸锅内倒入适量水烧开，将装有莲藕夹肉片的盘子放入蒸笼，大火蒸20分钟后取出，撒上胡萝卜丁和葱花即可。

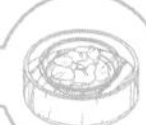

小贴士

- □ 藕片不要切得太厚，否则不容易蒸熟。
- □ 这道菜本身味道比较清淡，可以根据个人口味，搭配喜欢的酱料。

咸鱼蒸五花肉

15分钟
蒸制时间

清蒸
蒸制方式

蒸汽火力

金鲳鱼富含不饱和脂肪酸，有助于强身健脑，其味道浓郁，与丰腴的五花肉搭配，增香解腻。

咸金鲳鱼 ·············· 1 条
五花肉 ·············· 150克

调料

姜丝 ·················· 20克
生抽 ·············· 1 汤匙
白砂糖 ·········· 1 盐匙
白胡椒粉 ····· 1/2 汤匙
红椒条 ············ 少许

❶ 将五花肉洗净，切成厚约0.4厘米的薄片。

❷ 将五花肉片放入碗中，倒入生抽、白砂糖、白胡椒粉搅拌均匀，腌制10分钟。

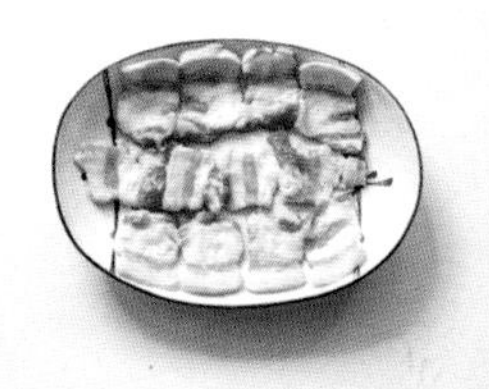

❸ 将腌制好的五花肉均匀地铺在有沿口的椭圆形盘子上。

❹ 将咸金鲳鱼中部切成宽约1厘米的小段，保留头尾，放入清水里浸泡5分钟，冲洗干净后沥干。

❺ 将处理好的咸金鲳鱼放在五花肉上。

❻ 将姜丝撒在咸金鲳鱼上，有助于去除鱼腥味。

❼ 将装有咸金鲳鱼的盘子放入蒸笼。

❽ 蒸锅内倒入适量水烧开，放上蒸笼，中火蒸15分钟后取出，撒上红椒条即可。

豉汁排骨

30分钟 蒸制时间

清蒸 蒸制方式

蒸汽火力

这道经典的广东家常菜，原料和做法都非常简单。瘦嫩的猪肋排，混合经过重重发酵的豆豉，浓郁鲜美，富含蛋白质，营养又美味。

排骨……………… 400克

调料

干豆豉	4盐匙	料酒	2盐匙
白砂糖	2盐匙	生抽	1汤匙
生姜	1/4块	盐	1/4盐匙
大蒜	2瓣	玉米油	1汤匙
葱花	少许	玉米淀粉	1盐匙

❶ 将排骨斩成5厘米见方的小块，用冷水浸泡30分钟，去掉血水。

❷ 大蒜去皮、洗净，切末；干豆豉用冷水冲洗一下，用刀轻轻拍碎备用。

❸ 将处理好的排骨取出沥干，放在碗中备用；将生姜洗净、切丝，和料酒一起倒入碗中，搅拌均匀。

❹ 将剩下的除了葱花外的所有调料倒入装有排骨块的碗中，用筷子搅拌均匀。

❺ 将拌好的排骨移到有沿口的圆盘里，放入蒸笼。

❻ 蒸锅内倒入适量水烧开，放上蒸笼，中火蒸30分钟后取出，撒上葱花即可。

小贴士

□ 一定要等蒸锅里的水开了，再放排骨，这样蒸出来的排骨才脆弹；中途不能揭开蒸锅的盖子。

梅子排骨

15分钟 蒸制时间

清蒸 蒸制方式

蒸汽火力

梅子的酸消解了肉类脂肪带来的油腻口感，排骨吃起来也更加清爽。排骨蒸制前先勾芡，口感更加绵稠，颜色也更加鲜亮。

主料

排骨……………… 300克
酸梅……………………4颗

调料

蒜蓉……………2盐匙
白砂糖 ………1盐匙
豆瓣酱 ………1汤匙
生粉……………1汤匙
生抽…………… 1汤匙
芝麻油 …………2盐匙
葱花………………适量

做法

❶ 将排骨洗净，斩成5厘米见方的小块，用冷水浸泡30分钟，去掉血水，洗净后沥干备用。

❷ 酸梅去核，放在碗里，倒入蒜蓉、白砂糖和豆瓣酱，搅拌均匀即成酱料。

❸ 将生粉倒入装有排骨块的碗中，搅拌均匀。

❹ 再将生抽和芝麻油倒入装有排骨的碗中，搅拌均匀，再加入酱料搅拌均匀。

❺ 将排骨装在有沿口的圆盘中，放入蒸笼。

❻ 蒸锅内倒入适量水烧开，放上蒸笼，大火蒸15分钟后取出，撒上葱花即可。

金瓜排骨

20
分钟
蒸制时间

清蒸
蒸制方式

蒸汽火力

在南瓜蒂部往下1/3处，根据南瓜的纹路呈V字形切开，去瓤后作为炖盅。胡萝卜素等营养成分得以尽可能的保存，甘甜的南瓜肉又吸满了浓郁的肉汁，营养又美味。

主料

排骨……………………150克

小南瓜 ………………… 1个

调料

生抽…………………… 1汤匙

蚝油…………………… 1盐匙

白砂糖 ………1/2盐匙

玉米淀粉……1/2盐匙

盐 ……………………1/5盐匙

葱花……………………少许

朝天椒圈 …………少许

做法

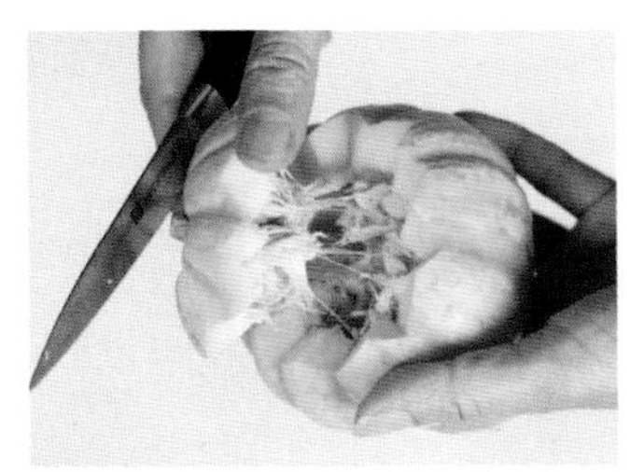

❶ 将小南瓜洗净，将小刀从南瓜蒂部往下1/3处插入，呈V字形切开。

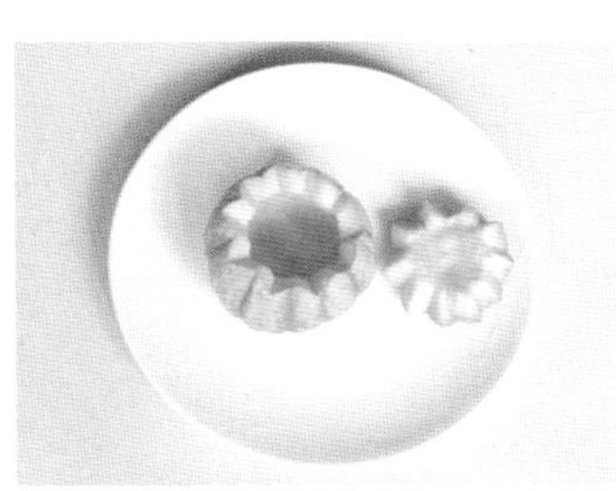

❷ 切好后掰开，将里面的瓜瓤挖出来，将南瓜盅放在有沿口的圆盘中。

❸ 将排骨斩成5厘米见方的小块，用冷水浸泡30分钟，去掉血水，沥干后倒在盆里，倒入除葱花和朝天椒圈以外的其他调料。

❹ 用筷子将其搅拌均匀，腌制10分钟。

❺ 将腌制好的排骨块倒入南瓜盅里，不用盖南瓜盖。

❻ 蒸锅内倒入适量水烧开，将装有南瓜的盘子放入蒸笼，中火蒸20分钟后取出，撒上葱花和朝天椒圈即可。

小贴士

☐ 排骨如若要汆水，必须冷水下锅，否则，等水开了再放，排骨的表面会立刻变熟，最后烧出来的肉可能会有些异味。

芋头排骨

20分钟 蒸制时间

清蒸 蒸制方式

蒸汽火力

芋头含有丰富的膳食纤维，吸收了肉汁后滑糯香口，饱腹感较强，且易消化，老少咸宜。上桌前，撒上朝天椒圈，食用前搅拌均匀，会更香。

主料

排骨……300克
芋头……1/2个

调料

大蒜……2瓣
料酒……1盐匙
生抽……1汤匙
白砂糖……1盐匙
盐……1/2盐匙
玉米油……1汤匙
生粉……1盐匙
朝天椒圈……少许
葱花……少许

做法

❶ 将排骨斩成5厘米见方的小块，用冷水浸泡30分钟，去掉血水，沥干后放在碗中备用。

❷ 将大蒜去皮、洗净，切末，放在碗中备用。

❸ 将除朝天椒圈和葱花以外调料倒入装有排骨的碗中，用手抓匀，覆上保鲜膜放入冰箱，腌制2小时。

❹ 将芋头洗净、去皮，切成2厘米见方的小块，放在有沿口的圆盘中，均匀地撒上盐，再用手抓匀。

❺ 将腌好的排骨块放在芋头上，均匀地淋上腌制的汁水。

❻ 蒸锅内倒入适量水烧开，将装有排骨的盘子放入蒸笼，大火蒸20分钟后取出，撒上朝天椒圈和葱花即可。

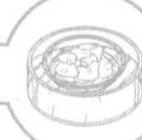

小贴士

□ 芋头可以切小块，也可以切成薄片。注意不要切得太大、太厚，否则不易蒸熟。
□ 芋头推荐购买广西荔浦的，粉糯香甜。

油豆腐蒸肥牛

8分钟	清蒸	
蒸制时间	蒸制方式	蒸汽火力

主料

肥牛卷 ……………… 150克

油豆腐 ………………10个

调料

榨菜 ………………… 50克

生抽 …………………1汤匙

葱丝 …………………少许

红椒碎 ………………少许

做法

❶ 将肥牛卷放在碗里解冻约1小时，再倒入生抽，搅拌均匀。

❷ 将油豆腐洗净，对半切成两半。

❸ 将油豆腐焯水后捞出沥干，放在有沿口的圆盘中备用。

❹ 将榨菜放在油豆腐的中央，聚拢成一个圆形。

❺ 将肥牛卷放在榨菜的上面。

❻ 蒸锅内倒入适量水烧开，将装有肥牛卷的圆盘放入蒸笼，中大火蒸8分钟后取出，撒上葱丝和红椒碎即可。

排骨石斛汤

广式靓汤

90分钟	清蒸	
蒸制时间	蒸制方式	蒸汽火力

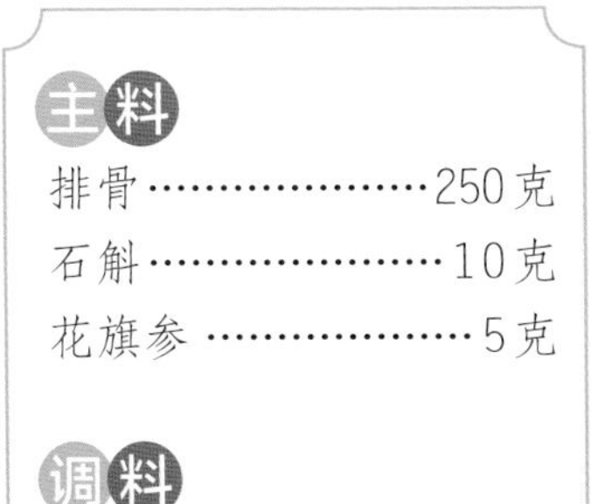

主料

排骨……250克
石斛……10克
花旗参……5克

调料

姜片……2片
盐……1/2盐匙

做法

❶ 将排骨斩成5厘米见方的小块，用冷水浸泡30分钟，去掉血水，沥干后汆水备用。

❷ 将汆过水的排骨沥干，放入炖盅。

❸ 将洗净的石斛、花旗参和姜片放入炖盅。

❹ 将纯净水倒满炖盅。

❺ 将装有排骨的炖盅放入蒸笼，盖上炖盅盖子。

❻ 蒸锅内倒入适量水烧开，放上蒸笼，中大火蒸90分钟后取出，调入盐即可。

菜心蒸牛肉

10分钟	清蒸	
蒸制时间	蒸制方式	蒸汽火力

主料

牛肉……………………150克
菜心……………………250克

调料

生抽……………………1汤匙
盐……………………1/4盐匙
生粉……………………1/2盐匙
玉米油……………………1汤匙
生姜……………………1/4块
红椒碎……………………少许

做法

❶ 将牛肉用冷水浸泡30分钟，去掉血水，切成约0.5厘米的薄片，放在碗里备用。

❷ 将生姜洗净、切丝，放在碗里备用。

❸ 将盐、生抽、生粉和1盐匙玉米油倒入装有牛肉片的碗里，搅拌均匀后腌制15分钟。

❹ 将菜心洗净，放在有沿口的圆盘中备用。

❺ 将腌制好的牛肉片放在菜心上，再放上姜丝，淋上玉米油。

❻ 蒸锅内倒入适量水烧开，将装有牛肉片的圆盘放入蒸笼，大火蒸10分钟后取出，撒上红椒碎即可。

粉蒸牛肉

30分钟
蒸制时间

粉蒸
蒸制方式

蒸汽火力

主料

牛肉……………………250克
五香蒸肉米粉………1包

调料

玉米油……………1汤匙
盐………………1/4盐匙
生抽………………1汤匙
葱花…………………少许
朝天椒圈……………少许

做法

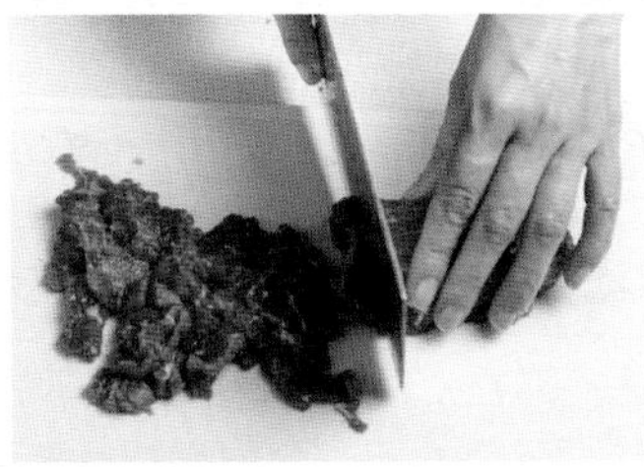

❶ 将牛肉用冷水泡30分钟，去除血水，切成约0.5厘米厚的片。

❷ 将牛肉片放进盆里，加入玉米油、生抽和盐，搅拌均匀，腌制10分钟。

❸ 腌好后，将五香蒸肉米粉拌入牛肉片中，让每一片牛肉都裹上五香蒸肉米粉。

❹ 将牛肉片均匀地铺在有沿口的圆盘中，放入竹蒸笼。

❺ 蒸锅内倒入适量水烧开，放上竹蒸笼，中火蒸30分钟。

❻ 蒸好后取出，撒上葱花和朝天椒圈即可。

萝卜蒸牛腩

30分钟
蒸制时间

清蒸
蒸制方式

蒸汽火力

经过蒸制，牛腩香软可口，萝卜吸饱了肉汁和调料的味道，比肉还要好吃。调料中那一块小小的陈皮，酸甜解腻、清香扑鼻，令人口水直流。

主料

牛腩………………300克
白萝卜……………1/2根

配料

香叶………………2片
八角………………1个
陈皮……………1小块
蚝油……………1汤匙
生抽……………1汤匙
生粉…………1/2盐匙
白砂糖………1/2盐匙
芝麻油…………1汤匙
葱花………………少许
朝天椒圈…………少许

做法

❶ 将牛腩用冷水泡10分钟，去除血水。

❷ 将牛腩取出，沥干后切薄片。

❸ 将切好的牛腩片放在盆里，倒入白砂糖和生粉。

❹ 倒入芝麻油、蚝油和生抽，搅拌均匀。

❺ 将陈皮洗净、切丝，与香叶、八角一起放入装有牛腩片的盆中，搅拌均匀，腌制20分钟。

❻ 将白萝卜洗净、去皮，切成厚约0.5厘米的圆片。

❼ 将白萝卜片铺在有沿口的圆盘中。

❽ 将腌制好的牛腩薄片均匀地铺在白萝卜片上。

❾ 蒸锅内倒入适量水烧开，将装有牛腩的圆盘放入蒸笼，中小火蒸30分钟后取出，撒上葱花和朝天椒圈。

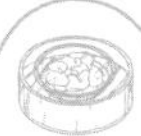

五香粉蒸羊肉

25
分钟
蒸制
时间

粉
蒸
蒸制
方式

蒸汽
火力

羊肉肉质细嫩，相较于猪肉和牛肉，脂肪含量少，五香蒸肉米粉和姜等调料的加入，很好地减轻了羊肉本身的膻味。

主料

羊肉 ……………… 250克
五香蒸肉米粉 …… 50克

调料

葱白 ………………20克
豆瓣酱 …………4盐匙
蒜蓉 …………… 1盐匙
料酒 ……………2盐匙
孜然粉 ………… 1盐匙
白胡椒粉 ……1/2盐匙
花椒 ……………2盐匙
玉米油 ………… 1汤匙
生抽 …………… 1汤匙
葱花 ……………… 少许

做法

❶ 将花椒放入锅中，倒入200毫升纯净水，大火煮开后转小火煮2分钟，关火冷却后滤出花椒水备用。

❷ 将羊肉洗净，切成厚约0.5厘米的片。

❸ 将羊肉片放进冷却的花椒水里泡15分钟。

❹ 泡好后将花椒水倒掉，加入除葱花外剩下的所有调料，用筷子搅拌均匀，腌制20分钟。

❺ 腌制结束后，将五香蒸肉米粉倒入装有羊肉片的碗中。

❻ 用筷子轻轻将五香蒸肉米粉和羊肉搅拌均匀，确保每一片羊肉上都裹满五香蒸肉米粉。

❼ 蒸锅内倒入适量水烧开，将羊肉均匀地铺在有沿口的盘子上，放入蒸锅，中火蒸25分钟。

❽ 蒸好后取出，撒上葱花即可。

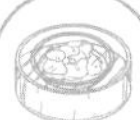

第四章

鱼虾蟹贝和蛋类

清蒸大闸蟹

15 分钟
蒸制时间

清蒸
蒸制方式

蒸汽火力

蒸熟后蟹体内雌蟹呈金黄色，雄蟹如白玉状，味道极其鲜美。但是蟹性寒，蒸的时候可以放在紫苏叶上蒸制或者吃的时候搭配姜末等辛辣调料。

大闸蟹 ··················4只

调料

香醋···················2汤匙

白砂糖 ············· 1盐匙

生姜····················1/4块

做法

❶ 将大闸蟹放在清水里用刷子洗净，绳子不要解掉。

❷ 把大闸蟹两只一排，中间间隔半只螃蟹的距离，摆放在蒸盘上。

❸ 将装有大闸蟹的蒸盘放入蒸烤箱中层。

❹ 蒸烤箱加满水，预热100℃，选择蒸的功能，蒸15分钟。

❺ 将蒸好的大闸蟹取出，解去细绳，装盘。

❻ 将生姜洗净、切末，和白砂糖、香醋一起倒入碗中，搅拌均匀；吃蟹时蘸取即可。

小贴士

□ 蒸制的时间不宜过久，也不宜过短，通常12~15分钟比较合适，以免没蒸透或是蒸过头。

□ 如果家里没有蒸烤箱，没绑的大闸蟹要用冷水上锅蒸。这样温度逐渐升高，大闸蟹缓慢蒸熟，不会出现因为剧烈挣扎而掉腿的情况。

时蔬海鲜烩

15
分钟
蒸制
时间

清
蒸
蒸制
方式

蒸汽
火力

鲜虾、蛤蜊、鲜鱿鱼食材本身就足够有味，彩椒的辣味和蔬菜的清香让鲜味与香味进一步升华。

主料

鲜虾……………………4只
蛤蜊………………… 200克
鱿鱼…………………… 1条
胡萝卜 ………………… 1根
西蓝花 …………… 100克

调料

黄彩椒 …………… 1/2个
盐 ………………… 1/5盐匙
柠檬汁 ……………… 少许

做法

❶ 将胡萝卜洗净、去皮，切成厚约0.5厘米的圆片。将胡萝卜片围成两个圆圈，直径较大的作为外圈，放在有沿口的圆盘中。

❷ 将西蓝花洗净，切小块；将黄彩椒洗净，切丝备用。

❸ 将鱿鱼的不可食用部分去除，冲洗干净，将身体切成约0.8厘米宽的段。

❹ 将西蓝花块均匀地铺在胡萝卜片上。将蛤蜊提前浸泡2~3小时，反复冲洗蛤蜊表面，用刷子刷去壳上的淤泥。

❺ 将鲜虾用清水浸泡3~5分钟，剪去虾脚和虾须。然后依次将鱿鱼段、蛤蜊、鲜虾和黄彩椒丝放在西蓝花上，撒上盐。

❻ 蒸烤箱加满水，预热100℃，放入装有海鲜的盘子，选择蒸的功能，中火蒸15分钟后取出，淋上柠檬汁即可。

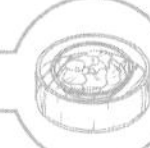

小贴士

☐ 浸泡蛤蜊时，可以在水中加入适量的盐，这样更加有助于蛤蜊吐沙。

☐ 蒸制海鲜时，可以加入咸青柠，只需一点点就芳香沁脾，味道更加鲜美。

丝瓜粉丝蒸鲜蚝

生蚝富含优质蛋白质，素有“海底牛奶”的美称，搭配清甜爽口的丝瓜，生蚝的爽滑口感被衬得更加鲜美。

主料

鲜蚝 ················ 300克
丝瓜 ················ 1/2根
龙口粉丝 ············ 50克

大蒜 ················ 6瓣
玉米油 ·············· 2汤匙
生抽 ················ 2汤匙
白砂糖 ·············· 1/2盐匙
葱花 ················ 少许

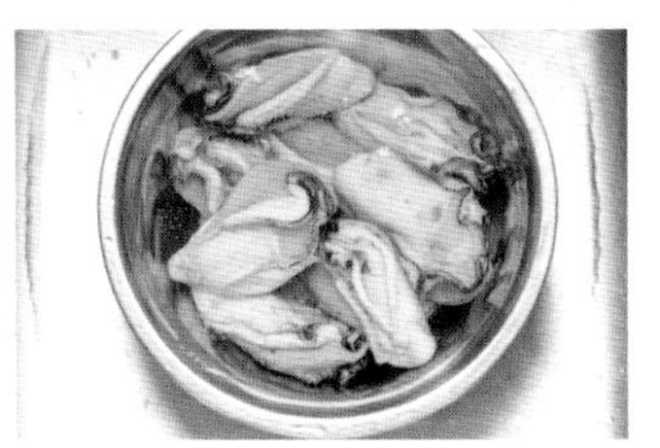

❶ 将鲜蚝的外壳去除，用清水浸泡洗净，沥干备用。

❷ 将龙口粉丝放进热水里泡发10分钟，取出沥干，放在盘子里备用。

❸ 将丝瓜洗净、去皮，斜切成厚约0.5厘米的薄片。

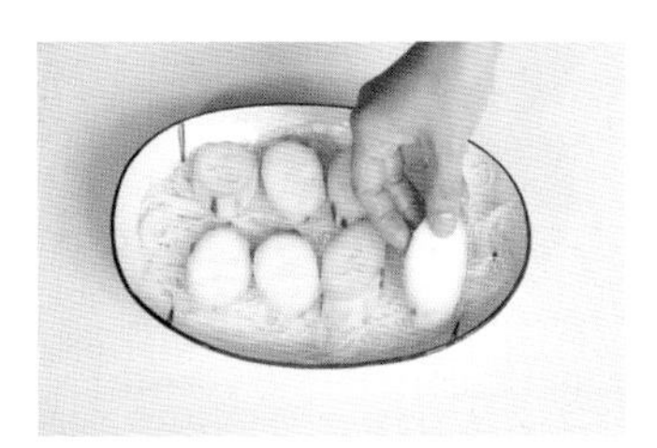

❹ 将切好的丝瓜片分两排放在粉丝上。

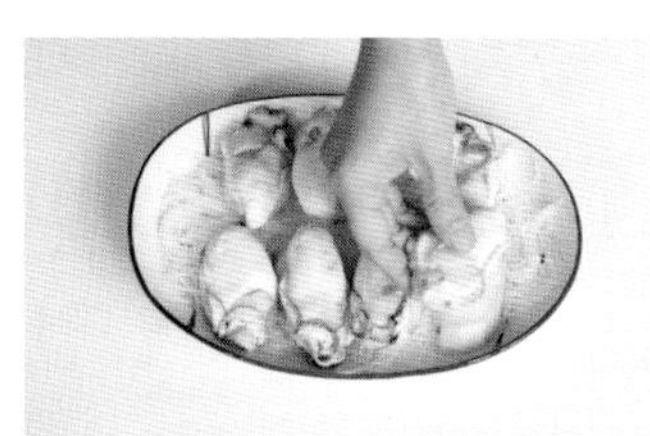

❺ 将处理好的鲜蚝放在丝瓜片上。将大蒜去皮、洗净，切末。

❻ 锅烧至5成热，倒入玉米油，将2/3的蒜末倒入锅里爆香，翻炒至变色。

❼ 剩下的蒜末放入碗中，倒入生抽、15毫升纯净水和白砂糖，再把爆香过的蒜末倒入，搅拌均匀即成酱汁。

❽ 将酱汁均匀地淋在鲜蚝上。

❾ 蒸锅内倒入适量水烧开，将装有鲜蚝的盘子放入蒸笼，大火蒸5分钟，关火后再闷3分钟后取出，撒上葱花即可。

白葡萄酒蒸青口贝

10分钟	清蒸	🔥🔥
蒸制时间	蒸制方式	蒸汽火力

白葡萄酒不仅能给青口贝调味，还能充分“锁汁”，保留青口贝本身特有的鲜美滑嫩。

主料

青口贝 …………… 100克
洋葱 ……………………… 1个
白葡萄酒 ………… 4汤匙

调料

干百里香 ……………1克
黄油 ……………………30克
盐 ……………………1/5盐匙
黑胡椒粉 ………1/5盐匙
香芹碎 ……………… 少许
红椒碎 ……………… 少许

做法

❶ 将洋葱洗净，切丝。锅中放入黄油，熔化后烧至5成热，倒入洋葱丝，炒至透明。

❷ 将干百里香撒在洋葱上，搅拌均匀。

❸ 将青口贝洗净，放在有沿口的圆盘里，倒入白葡萄酒。

❹ 将洋葱丝铺在青口贝上，撒上黑胡椒粉和盐。

❺ 将装有青口贝的圆盘放入蒸烤箱，水箱中加满水，预热100℃，选择蒸的功能，蒸10分钟。

❻ 蒸好后取出，撒上香芹碎和红椒碎即可。

小贴士

- □ 青口的外壳比较脏，一定要仔细用刷子清洗外壳。有时青口上会有一些小毛丝，这是青口的足丝，直接去除即可。
- □ 鲜活的青口需要浸泡在清水里吐沙，可以在清水中滴几滴食用油。如果是冷冻的青口，撬开外壳，直接将内脏和绒毛撕掉，用流水冲洗几遍即可。

蒜蓉粉丝贵妃贝

15分钟	清蒸	🔥🔥
蒸制时间	蒸制方式	蒸汽火力

蒸贵妃贝是粤式餐厅的口碑海鲜蒸菜，简单快手、美味又营养。

主料

贵妃贝 ·············· 500克

龙口粉丝 ············ 80克

调料

大蒜 ···················· 1头

蒸鱼酱油 ·········· 1汤匙

朝天椒碎 ·········· 2盐匙

葱花 ················ 2盐匙

玉米油 ·············· 2汤匙

做法

❶ 将贵妃贝洗净，用冷水浸泡1~2小时吐沙。

❷ 将贵妃贝汆一下水后捞出，沥干备用。

❸ 将龙口粉丝用热水泡发10分钟，沥干后剪碎放在盘子里。

❹ 将贵妃贝摆在龙口粉丝上。大蒜去皮、洗净，切末与蒸鱼酱油、朝天椒碎和蒜末混合均匀后淋在贵妃贝上。

❺ 把装有海鲜的盘子放入蒸烤箱中层，水箱中加满水，预热100℃，选择蒸的功能，蒸15分钟。

❻ 蒸好后取出，撒上葱花，将玉米油倒入锅中烧热，淋在贵妃贝上即可。

小贴士

□ 贵妃贝清理干净后汆一下水，新鲜的会张开口，把不新鲜的挑出来不用。

□ 浸泡贵妃贝时，可以在水中加入适量的盐，这样更有助于贵妃贝吐沙。

蘑菇蒸蛏子

6分钟	清蒸	
蒸制时间	蒸制方式	蒸汽火力

主料

蛏子……………………250克

蘑菇……………………100克

调料

生抽……………………1汤匙

大蒜……………………3瓣

白砂糖…………………1盐匙

芝麻油…………………1汤匙

生粉……………………1/2盐匙

做法

❶ 将蛏子提前用清水浸泡、吐沙；蘑菇洗净，分别放在有沿口的圆盘里备用。

❷ 将蘑菇分两排，蘑菇头朝盘沿，平铺在圆盘中。将处理好的蛏子放在蘑菇上。

❸ 将大蒜去皮、洗净，切末放入碗中；将芝麻油倒入锅中烧热后淋在蒜末上，再倒入生抽和白砂糖搅拌均匀成酱汁。

❹ 将生粉和20毫升纯净水倒在碗中，搅拌均匀备用。将一半的酱汁淋在蛏子上。

❺ 蒸锅内倒入适量水烧开，将装有蛏子的盘子放入蒸笼，大火蒸6分钟。

❻ 蒸好后将多余的汁水倒入小锅，再倒入剩下的一半酱汁和水淀粉，煮开后淋在蛏子上即可。

蒜蓉蒸鳕鱼

8分钟 蒸制时间

清蒸 蒸制方式

蒸汽火力

鳕鱼……………………1块

调料

大蒜……………………6瓣

玉米油……………2汤匙

生抽…………………1汤匙

白砂糖……………1盐匙

小葱……………………2根

葱丝……………………少许

朝天椒圈……………少许

❶ 将鳕鱼洗净，用厨房纸吸干表面水分，放在有沿口的圆盘中备用。

❷ 将大蒜去皮、洗净，切末放在碗里。锅中倒入1汤匙玉米油烧开，淋在蒜末上，再倒入生抽和白砂糖搅拌均匀成蒜蓉酱。

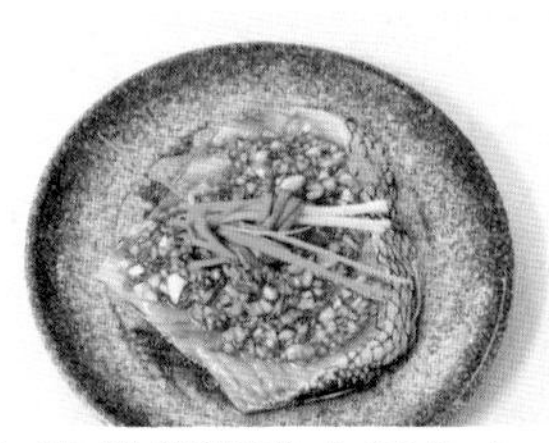

❸ 将蒜蓉酱淋在鳕鱼上，小葱洗净，打成结放在鳕鱼上。

❹ 用锡纸将鳕鱼连盘子一起包住，放入蒸笼。

❺ 蒸锅内倒入适量水烧开，放上蒸笼，大火蒸8分钟后取出，倒掉大部分的汤汁，去掉葱结，放上葱丝和朝天椒圈。

❻ 另取一锅，倒入1汤匙玉米油烧热后淋在鳕鱼上即可。

清蒸鱼腩

8分钟	清蒸	🔥🔥🔥
蒸制时间	蒸制方式	蒸汽火力

肉厚色白的草鱼鱼腩质嫩，有弹性。清蒸的方式较好地保留了鱼肉本身的鲜美和丰富的营养，老少咸宜。

草鱼鱼腩…………250克

生粉……………1盐匙
生姜……………1/2块
小葱……………2根
蒸鱼酱油……1汤匙
料酒……………1盐匙
盐………………1盐匙
芝麻油…………2汤匙
葱丝……………适量

❶ 将生姜洗净、切丝；小葱洗净，切成约4厘米长的段备用。

❷ 将鱼腩洗净，切成宽约5厘米的段，放在碗中备用。

❸ 将生粉、料酒、盐、部分姜丝和1汤匙芝麻油倒入装有鱼腩的碗中搅拌均匀，腌制10分钟。

❹ 取一个有沿口的圆盘，铺上一部分葱段和姜丝。

❺ 将鱼腩放在葱段和姜丝上，再放上剩下的葱段和姜丝。

❻ 将装有鱼腩的盘子放入蒸笼。

❼ 蒸锅内倒入适量水烧开，放上蒸笼，大火蒸8分钟。

❽ 蒸好后取出，放上葱丝，淋上蒸鱼酱油。另取一锅，倒入1汤匙芝麻油，烧热后淋在鱼腩上即可。

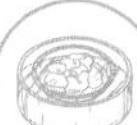

清蒸鲍鱼仔

5
分钟
蒸制时间

清
蒸
蒸制方式

蒸汽火力

鲍鱼含有丰富的钙质和优质蛋白，厚实的肉质异常鲜美，不需要过多的调料就很美味。

主料

鲍鱼仔……………………9个

调料

大蒜………………1头
盐…………………适量
生抽………………2汤匙
玉米油………3汤匙
朝天椒圈………少许
葱花……………少许

❶ 将大蒜去皮、洗净，切末。

❷ 将鲍鱼仔底部的肉切断，去掉沙肠，洗净。在鲍鱼仔表面轻切几刀，划开深度达到鲍鱼肉厚度的1/3即可。

❸ 将盐撒在鲍鱼仔上，用手抓洗，去除表面的黏液后洗净，沥干备用。

❹ 将鲍鱼仔的壳用刷子刷干净，冲干净后擦干水分，围成一个圈呈花状放在盘子中。

❺ 将处理好的鲍鱼仔肉摆放回鲍鱼壳里。

❻ 锅中倒入玉米油烧至五成热，倒入一半蒜末，小火炸至金黄，倒入生抽和剩下的蒜末，搅拌均匀成蒜汁。

❼ 将蒜汁均匀地淋在鲍鱼仔上。

❽ 蒸锅内倒入适量水烧开，将装有鲍鱼仔的盘子放入蒸笼，大火蒸5分钟后取出，撒上葱花和朝天椒圈即可。

冬菜蒸鲈鱼

10分钟	清蒸	🔥🔥
蒸制时间	蒸制方式	蒸汽火力

冬菜是一种用大蒜制成的咸泡菜，非常咸香。鲈鱼肉质白嫩、清香，状如蒜瓣，清蒸是不错的选择。

主料

鲈鱼……1条（约500克）
芦笋………………100克
冬菜………………50克

调料

蒸鱼酱油……3汤匙
大葱……………1根
生姜…………1/2块
玉米油………2汤匙

做法

❶ 将芦笋洗净，斜切成长约6厘米的段。

❷ 将鲈鱼的鱼鳞、鱼鳃、内脏去除，洗净。将生姜和大葱洗净，切丝。

❸ 取一个长方形有沿口的盘子，先均匀地摆上芦笋段，再放上清洗干净的鲈鱼。

❹ 将一半的姜丝和葱丝放入鲈鱼的肚子。

❺ 将冬菜铺在鲈鱼肚子上。

❻ 将蒸鱼酱油淋在鲈鱼上。

❼ 将装有鲈鱼的盘子放入蒸烤箱中层，水箱中加满水，选择蒸的功能，蒸10分钟。

❽ 蒸好后取出，撒上剩余的姜丝和葱丝。另取一锅，倒入玉米油，烧热后淋在鲈鱼上即可。

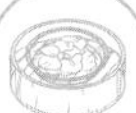

豆豉蒸鲳鱼

10分钟 蒸制时间

清蒸 蒸制方式

蒸汽火力

鲳鱼含有较为丰富的优质蛋白，以及锌、镁、硒等微量元素，而且所含的脂肪都是有利于健康的优质脂肪。

主料

鲳鱼……………………1条

调料

豆豉……………4盐匙
大蒜……………………1头
小葱……………………2根
生姜…………………1/2块
蒸鱼酱油……1汤匙
植物油…………2汤匙
盐…………………1盐匙
葱丝…………………少许

做法

❶ 将鲳鱼的鱼鳞、鱼鳃和内脏去除，冲洗干净，在鱼身的两面各斜着切上3刀。

❷ 将盐均匀地抹在鲳鱼两面，腌制5分钟。

❸ 将生姜洗净、切丝；小葱洗净，切成约3厘米的段备用。

❹ 将豆豉洗一下，切碎；大蒜去皮、洗净，切末备用。

❺ 将豆豉和蒜末倒入碗中，加入蒸鱼酱油搅拌均匀成豆豉蒜蓉酱。

❻ 将1/3姜丝和葱段塞入鱼肚子，再放入1盐匙豆豉蒜蓉酱。

❼ 先在盘子上放上剩下的一半姜丝、葱段和豆豉蒜蓉酱，再将鲳鱼放上去。

❽ 最后将剩下的姜丝、葱段和豆豉蒜蓉酱放在鲳鱼身上。

❾ 蒸锅内倒入适量水烧开，将装有鲳鱼的盘子放入蒸笼，大火蒸10分钟后取出，放上葱丝。植物油烧热后淋在葱丝上即可。

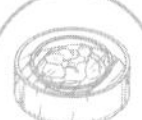

鱿鱼蒸豆腐

10分钟
蒸制时间

清蒸
蒸制方式

蒸汽火力

弹牙有嚼劲的鱿鱼与软嫩柔滑的豆腐相组合，给予口感上的美妙体验。鱿鱼与豆腐的蛋白质互补，有助于增强体质。

主料

嫩豆腐……………… 1块
鱿鱼………………… 2条

调料

小葱……………… 1根
生姜……………… 1/2块
朝天椒…………… 1根
生抽……………… 1汤匙
芝麻油…………… 1汤匙

做法

❶ 将生姜洗净，切丝；小葱洗净，一半切成宽3厘米的段，一半切成丝；朝天椒洗净，切丝；嫩豆腐切成厚约0.5厘米的片。

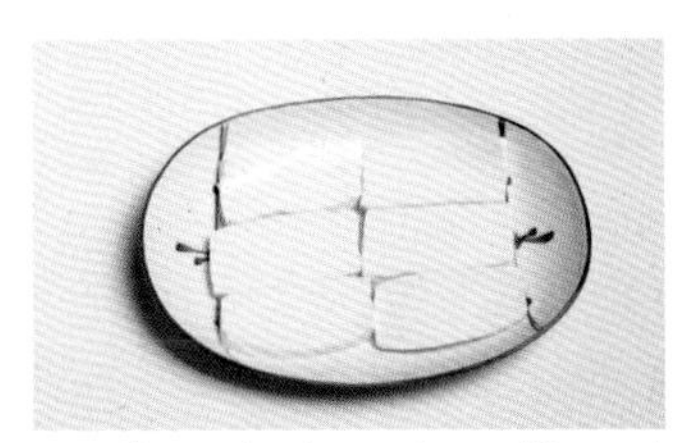

❷ 将豆腐片两个一排，平铺在有沿口的椭圆形盘子中。

❸ 将鱿鱼的不可食用部分去除，处理干净，横着切成宽约0.5厘米的圈，切完不要弄乱。

❹ 将鱿鱼圈按照鱿鱼的形状，按顺序放在豆腐片上。

❺ 在鱿鱼上摆上姜丝和葱段。

❻ 将装有鱿鱼的盘子放入蒸笼。

❼ 蒸锅内倒入适量水烧开，放上蒸笼，大火蒸10分钟后取出。将葱段和姜丝去掉。

❽ 撒上葱丝和朝天椒丝，另取一锅，倒入芝麻油，烧热后和生抽一起淋在鱿鱼上即可。

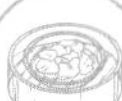

鱿鱼丝瓜

8
分钟
蒸制时间

清蒸
蒸制方式

蒸汽火力

丝瓜含有丰富的维生素C、钙等营养元素，其柔嫩的口感和鱿鱼的爽滑嚼劲相交织，撒点蒜末，补充营养的同时，又赋予了味蕾丰富的感受。

主料

鱿鱼……………………2条
丝瓜……………………1根

调料

大蒜………………3瓣
姜丝……………1盐匙
生粉……………1盐匙
盐………………2盐匙
料酒……………1汤匙
生抽……………1汤匙
芝麻油…………1汤匙
朝天椒圈………少许

做法

❶ 将鱿鱼的不可食用部分去除，清洗干净。将鱿鱼筒对半切开，再在上面切井字格，然后切成3厘米见方的小块。

❷ 将鱿鱼块放在碗里，放入生粉、芝麻油、盐、姜丝和料酒，搅拌均匀。

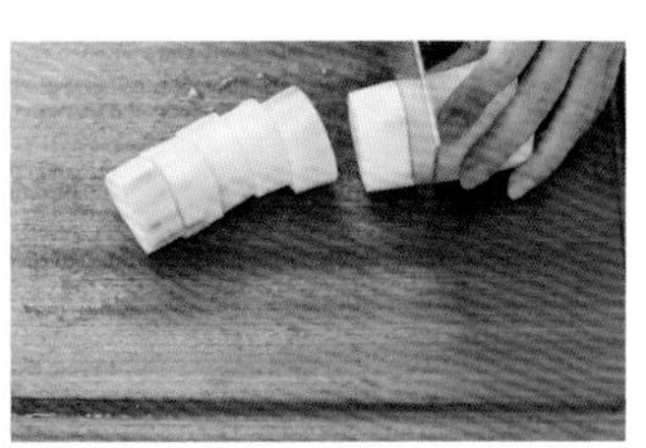

❸ 将丝瓜洗净、去皮，切成宽约1厘米的段。

❹ 将丝瓜段放在盘里，表面均匀地抹上一层盐。

❺ 将鱿鱼块铺在丝瓜上。

❻ 大蒜去皮、洗净，切末，撒在鱿鱼块上。

❼ 将装有丝瓜段、鱿鱼块的盘子放入蒸笼。

❽ 蒸锅内倒入适量水烧开，放上蒸笼，大火蒸8分钟后取出，淋上生抽，撒上朝天椒圈即可。

三色蒸蛋

20分钟	清蒸	
蒸制时间	蒸制方式	蒸汽火力

鸡蛋富含优质蛋白质。为了防止蒸出来的蛋白过老，蒸制时间不宜过长。咸鸭蛋和皮蛋的加入，使其口感更加丰富。

主料

鸡蛋……………………5个
皮蛋……………………2个
熟咸鸭蛋……………3个

调料

盐……………………适量
植物油………………适量

❶ 准备好所有的材料，将熟咸鸭蛋的蛋黄取出。

❷ 将鸡蛋清和鸡蛋黄分离。

❸ 将咸蛋黄和皮蛋分别切成丁备用。

❹ 先在玻璃碗内均匀地抹上一层油，铺上咸蛋黄丁和皮蛋丁。

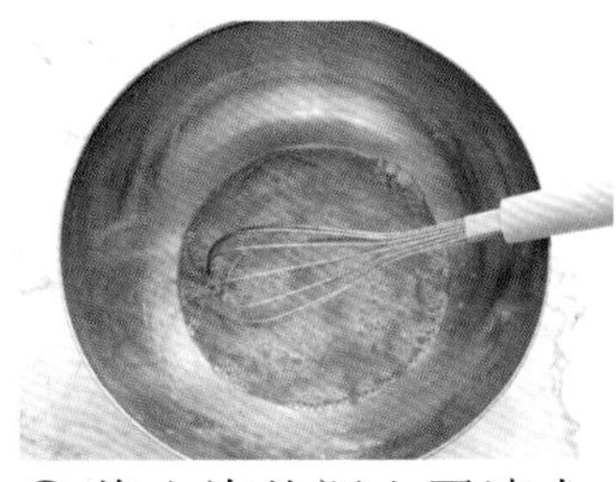

❺ 将少许盐调入蛋清中，搅拌均匀。

❻ 将蛋清均匀地倒入装有咸蛋黄丁的玻璃碗中。

❼ 蒸锅内倒入适量水烧开，将玻璃碗放入蒸笼，中火蒸10分钟至蛋清凝固，取出晾凉。

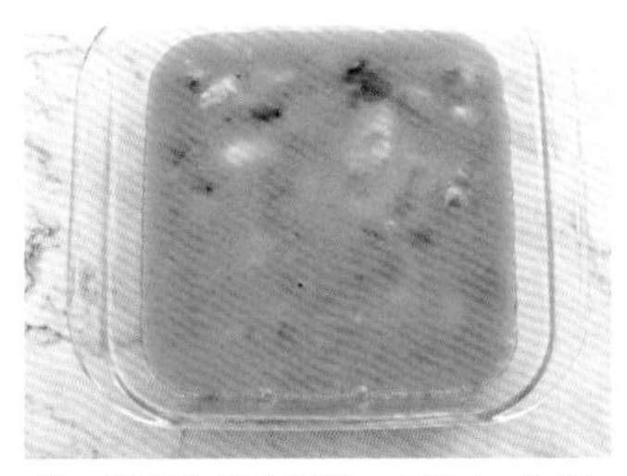

❽ 将蛋黄打散，调入少许盐，搅拌均匀，倒在蒸好的蛋清上，再放回蒸锅蒸10分钟即可。

❾ 将晾凉后的蒸蛋从玻璃碗中倒出来，切成宽约2厘米的菱形，在盘子上边贴边地摆成花形即可。

玉子豆腐虾仁

6
分钟
蒸制
时间

清
蒸
蒸制
方式

蒸汽
火力

洁白晶莹的外形，爽滑鲜嫩像布丁一般的口感，在其上面摆上一颗虾仁，再挑食的小朋友也难以抗拒。

主料

玉子豆腐……………2条
阿根延红虾虾仁·100克
胡萝卜………………1根

调料

淀粉……………1盐匙
芝麻油…………1盐匙
盐……………1/4盐匙
料酒……………1盐匙
生抽……………1汤匙
葱花……………少许

做法

❶ 将胡萝卜洗净、去皮，切成厚约0.4厘米的薄片。

❷ 将玉子豆腐切成厚约2厘米的小段。

❸ 将虾仁的虾线去除，洗净，用厨房纸擦后，放在碗里，加入盐和料酒，倒入芝麻油搅拌均匀，腌制5分钟。

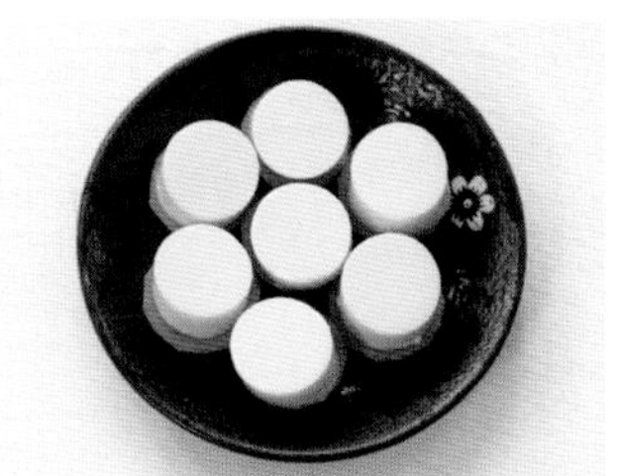

❹ 将胡萝卜片摆放在盘子里作为底，上面放上玉子豆腐段，再将虾仁放在上面。

❺ 蒸锅内倒入适量水烧开，将盘子放进去，大火蒸6分钟即可。

❻ 蒸好后取出，把盘子里的水倒入锅中，倒入淀粉和生抽，搅拌均匀，煮至沸腾，淋在豆腐上，点缀上葱花即可。

小贴士

☐ 腌虾前一定要把虾表面的水分擦干，如果水分太多，虾仁难以挂上味。

☐ 如果有带冰块的冰水，把虾仁放在其中冰镇一会儿，擦干水分再腌会更脆。

豆腐肉松蒸蛋

10分钟	清蒸	
蒸制时间	蒸制方式	蒸汽火力

主料

嫩豆腐……………100克
鸡蛋…………………2个

调料

盐…………………1/2盐匙
肉松………………4盐匙
葱花…………………少许

做法

❶ 将嫩豆腐切成2厘米见方的小方块。

❷ 将豆腐块放在碗里，均匀地撒上盐（调料表以外的），腌制10分钟，再用清水缓缓冲洗，沥干备用。

❸ 将鸡蛋打到碗里，搅拌均匀。

❹ 将蛋液过滤一遍，倒入200毫升纯净水和盐，搅拌均匀后倒在豆腐上。

❺ 蒸锅内倒入适量水，将装有鸡蛋液的碗放进去，盖上碗盖，中火蒸10分钟。

❻ 蒸熟后取出，趁热撒上肉松和葱花即可。

咸蛋蒸豆苗

8分钟	清蒸	
蒸制时间	蒸制方式	蒸汽火力

主料

豆苗……………………200克

生咸鸭蛋………………2个

调料

芝麻油……………1汤匙

做法

❶ 将豆苗的老根去除，洗净后摆在有沿口的圆盘中。

❷ 将生咸鸭蛋磕开，取出咸蛋黄，切碎。

❸ 将咸蛋黄碎撒在豆苗中部，再将咸蛋白均匀地淋在豆苗上。

❹ 然后将芝麻油均匀地淋上去。

❺ 将装有豆苗的圆盘放入蒸笼。

❻ 蒸锅内倒入适量水烧开，放上蒸笼，中大火蒸8分钟即可。

第五章

花样主食

腊肠蒸饭

20分钟
蒸制时间

清蒸
蒸制方式

蒸汽火力

腊肠色泽光润，香气袭人，醇香适口，遇上香软的米粒，鲜美浓郁，越嚼越香。鲜脆的胡萝卜与甜美的玉米粒，富含维生素和膳食纤维，营养均衡。

主料

大米…………1碗（180克）
胡萝卜…………1根（80克）
玉米粒…………5汤匙
腊肠…………………3根

调料

小葱…………………1根
盐………………1/2盐匙

做法

❶ 将大米洗净，用180毫升纯净水浸泡10分钟。

❷ 将胡萝卜洗净、去皮，切成0.6厘米见方的小丁。

❸ 将小葱洗净，切成葱花；准备好玉米粒。

❹ 将胡萝卜丁、玉米粒和盐倒入盛有大米的碗里，搅拌均匀。

❺ 将盛有大米的碗放入蒸烤箱。

❻ 取出蒸烤箱的储水盒，装满水。

❼ 选择变频快蒸的功能，设定时间为10分钟，按下开始按钮。

❽ 将腊肠切成厚约0.3厘米的片状，备用。

❾ 10分钟后，蒸烤箱工作完成，将米饭取出。

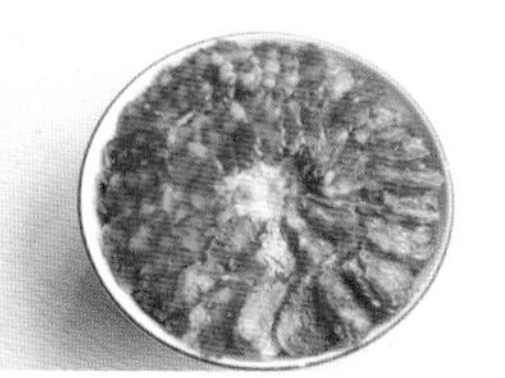

❿ 将腊肠片贴着碗的边缘从外向内摆成两圈铺在米饭上。

⓫ 将铺有腊肠的米饭放进蒸烤箱，仍选择变频快蒸功能，蒸10分钟。

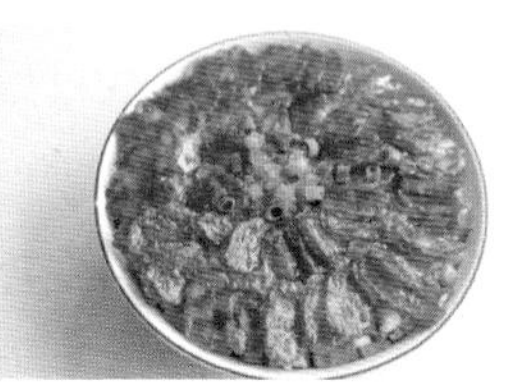

⓬ 蒸好后取出，在中间撒上葱花即可。

五彩蒸饭

25分钟
蒸制时间

清蒸
蒸制方式

蒸汽火力

五彩蒸饭的食材种类很丰富，既有蛋白质丰富的香肠又有利于消化的紫薯，再加上多彩蔬果丁，看着悦目，吃着爽心，好满足！

主料

大米……………………半碗（100克）
小米……………………3汤匙
藜麦……………………30克
腊肠……………………1根
紫薯……………………50克
胡萝卜…………1/2根（30克）
青豆……………………2汤匙
玉米粒…………………2汤匙

调料

盐………………1盐匙
花生油…………4盐匙

❶ 将大米、小米和藜麦淘洗干净，沥干后放在碗中备用。

❷ 将胡萝卜和紫薯洗净、去皮，切丁；腊肠切丁；青豆和玉米粒洗净备用。

❸ 将所有材料倒入碗中，倒入盐和花生油，用勺子搅拌均匀。

❹ 将纯净水倒入碗中，没过材料约2厘米，将碗放入蒸笼。

❺ 蒸锅内倒入适量水烧开，放上蒸笼，中小火蒸25分钟即可。

小贴士

- ☐ 大米一定要提前泡，这样既能减短蒸制时间，又能获得更好的口感。如果实在没有时间，也可以直接用，但是纯净水要多放一些，蒸制时间也要稍微延长一些。
- ☐ 蒸制的时间按米量的多少而定，可按实际情况增减。
- ☐ 配料可以根据自己的喜好进行调整。

藜麦糯米饭

20分钟 蒸制时间

清蒸 蒸制方式

蒸汽火力

糯米口感软糯香甜，添加高蛋白、高营养的藜麦，更增添了一分香脆的口感，还容易增强饱腹感。

主料

三色藜麦 ………… 100克
糯米 ………………… 250克
胡萝卜 ……………… 80克
虾仁 ………………… 100克
洋葱 ………………… 50克

调料

葱花 ………………… 2盐匙
盐 …………………… 1/2盐匙
生抽 ………………… 2盐匙
橄榄油 ……………… 4盐匙

❶ 将三色藜麦和糯米用冷水浸泡2小时后，倒去水。

❷ 将三色藜麦和糯米放在有沿口的长方形蒸盘中，放入蒸炖锅，大火蒸20分钟。

❸ 将虾仁洗净，去除虾线，切碎备用。

❹ 将胡萝卜和洋葱洗净，切丁。

❺ 炒锅烧至五成热，倒入橄榄油，再倒入洋葱丁和葱花爆香。

❻ 把胡萝卜丁倒入炒锅，翻炒均匀。

❼ 倒入虾仁碎，炒熟，倒入盐和生抽调味。

❽ 将蒸好的糯米和三色藜麦倒入盆里，倒入炒好的蔬菜搅拌均匀。

❾ 将拌好的饭放入模具里（也可用小碗）做出造型，放在圆盘中即可。

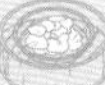

小米蒸红薯

15分钟	清蒸	 
蒸制时间	蒸制方式	蒸汽火力

主料

小米……………………2汤匙

红薯……………………200克

调料

盐……………………1/5盐匙

芝麻油………………2盐匙

葱花……………………少许

做法

❶ 将小米淘洗干净，倒在碗里，加入纯净水，没过小米约1厘米，泡30分钟。

❷ 将红薯洗净、去皮，切成1厘米见方的小块。

❸ 将红薯块放进碗里备用。

❹ 将泡好的小米沥干，倒入装有红薯块的碗里。

❺ 将芝麻油和盐倒入装有红薯块的碗里，用勺子搅拌均匀。

❻ 蒸锅内倒入适量水烧开，将小米和红薯倒在有沿口圆盘中，放入蒸笼，大火蒸15分钟后取出，撒上葱花即可。

五谷馒头

12分钟	清蒸	
蒸制时间	蒸制方式	蒸汽火力

主料

五谷米糊 ………… 120克
中筋面粉 …………200克
即发干酵母……1/2盐匙
牛奶……………40毫升

调料

白砂糖 ……………2盐匙
玉米油 …………… 1汤匙
盐 ………………1/5盐匙

做法

❶ 将所有材料依次倒入盆里，用筷子搅成棉絮状，再倒在揉面板上，揉成光滑的面团。

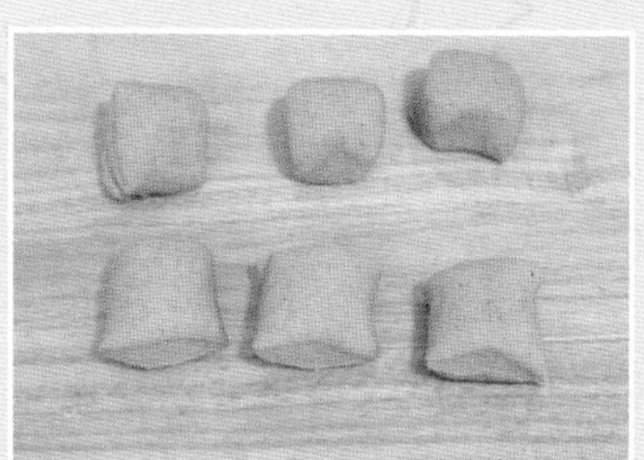

❷ 将揉好的面团盖上保鲜膜松弛5分钟，搓成长条，分成6等份。

❸ 将小面团按扁，从边上往中间收，最后在揉面板上滚圆。

❹ 依次将所有的面团滚圆，放在油纸上。

❺ 将面团放入蒸笼，彼此间隔约一个面团的距离，放在温暖处发酵至原来的1.5倍大。

❻ 蒸锅内倒入适量水烧开，放上蒸笼，中火蒸12分钟后关火，闷3分钟即可出锅。

双色南瓜馒头

25分钟 蒸制时间 | 清蒸 蒸制方式 |  蒸汽火力

材料

白色面团材料

中筋面粉……150克
牛奶……70毫升
即发干酵母……2克
细砂糖……2盐匙

黄色面团材料

中筋面粉……150克
南瓜……70克
即发干酵母……2克
细砂糖……2盐匙

做法

❶ 将黄色面团材料中的即发干酵母倒入碗中，加入10毫升纯净水，将即发干酵母化开。

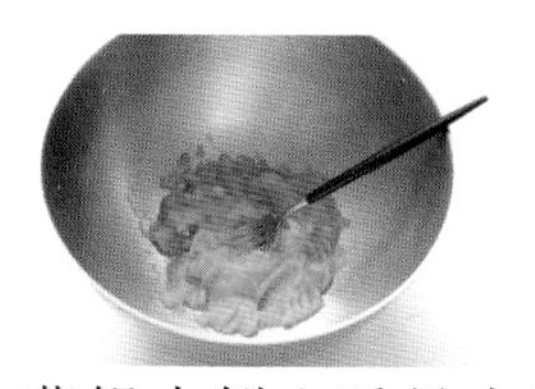

❷ 蒸锅内倒入适量水烧开，南瓜洗净、切片后用盘子装好，放入蒸笼，中火蒸10分钟后取出，倒掉蒸汁，倒入装有即发干酵母的碗中，搅拌成泥。

❸ 将黄色面团剩下的所有材料倒入装有南瓜泥的碗中，搅拌成絮状。

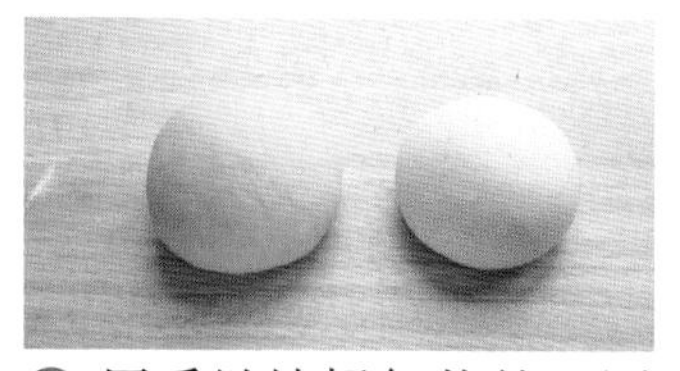

❹ 用手继续揉絮状的面团成光滑的面团（手光、面光、盆光），盖上保鲜膜松弛10分钟。用同样的方法处理好白色的面团。

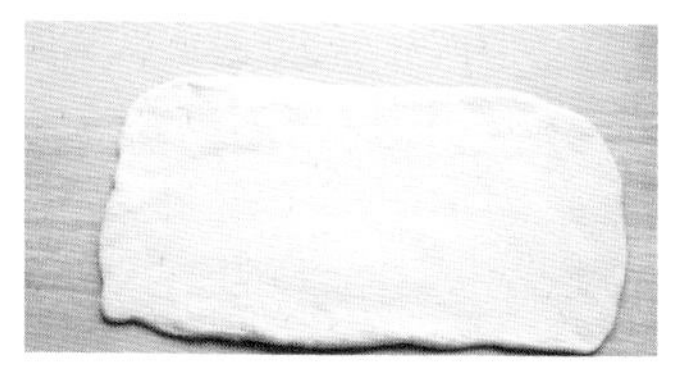

❺ 将松弛好的白面团用擀面杖慢慢擀开，成厚约0.2厘米的长方形面皮。

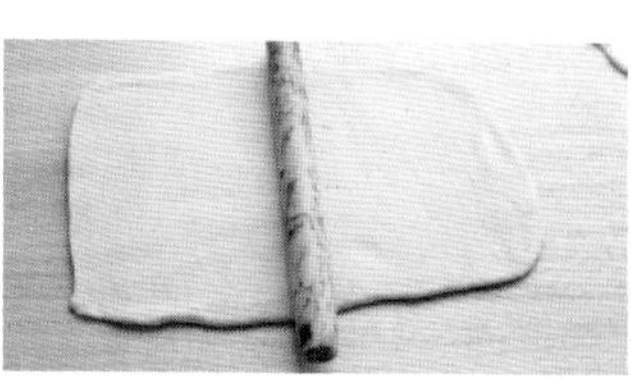

❻ 将松弛好的黄色面团也擀成和白色面皮同样大小、厚度的长方形面皮，多余的面团放在一边留着备用。

❼ 将黄色面皮放在白色面皮上，稍微拉整齐，再用擀面杖擀平，成一个长方形面皮。

❽ 将长方形面皮横着放在面前，从上往下紧密地卷成一个长条，收口朝下。

❾ 将卷好的面团切去两端不整齐的部分，其余部分切成约3厘米的小段。

❿ 将余下的黄色面团擀薄，用星星模具按压出小星星形状的小面片。

⓫ 小面团底部垫上油纸，放入蒸笼里。把星星面片粘在面团表面（粘的时候刷点水在粘合的位置）。

⓬ 蒸锅内倒入适量水，加热至35℃关火，放上竹蒸笼，盖上锅盖，发酵至馒头轻按能缓慢回弹（约20分钟）。中火蒸15分钟，关火闷5分钟即可。

芹菜蒸饺

15分钟 | 清蒸 | 🔥🔥
蒸制时间 | 蒸制方式 | 蒸汽火力

蒸饺，使用了烫面，讲究的是皮薄馅大，轻盈的外皮兜满馅料，口感水嫩柔软。趁热咬一口，满满的香气在唇齿间流转，十分过瘾。

面皮材料

中筋面粉……200克
盐…………1/5盐匙
鸡蛋清………1个

内馅材料

猪肉…………300克
芹菜…………200克
鸡蛋……………1个
酱油…………1汤匙
蚝油…………1盐匙
十三香粉…1盐匙
盐……………2盐匙
芝麻油……1汤匙

❶ 将面皮材料中的中筋面粉、盐、鸡蛋清和100毫升纯净水倒入碗中，揉成团。包上保鲜膜，醒发30分钟。

❷ 将猪肉剁碎，加入1盐匙盐，用筷子顺着一个方向搅上劲，再加入鸡蛋、酱油、蚝油、十三香粉、芝麻油，搅拌均匀。

❸ 将芹菜洗净、切碎，加入1盐匙盐腌几分钟后用手将水挤干，倒入装有猪肉馅的碗里，搅拌均匀。

❹ 将醒发好的面团揉光滑，搓成长条，切成宽约2厘米的小块。取一块面团擀成厚约0.2厘米的圆形。依次将所有面团擀好。

❺ 取一张面皮，在中间放上适量的芹菜猪肉馅。

❻ 将右边的一头握紧，从右边开始捏。

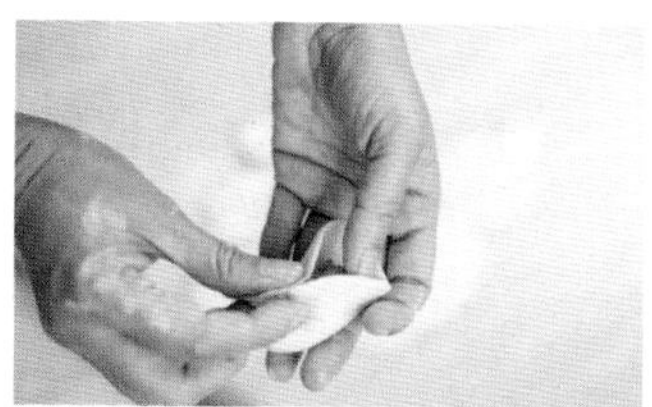

❼ 用右手的食指和拇指配合从右边往左边捏褶子。

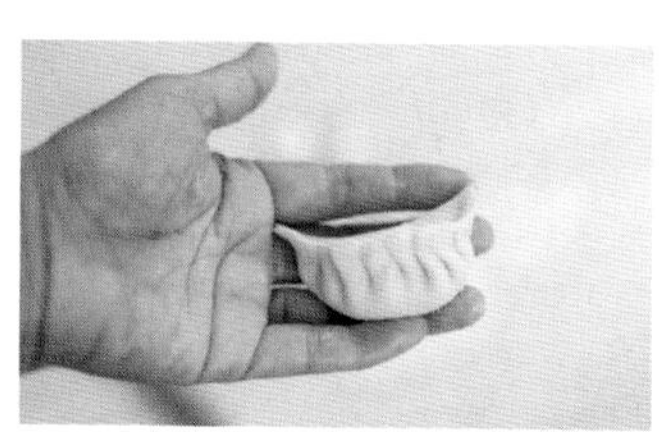

❽ 最后将边缘稍加捏紧，饺子就包好了。依次将所有的饺子包好。

❾ 每个饺子下面垫上一张圆形油纸，放在蒸笼上。蒸锅里倒入适量水烧开，放上蒸笼，中火蒸15分钟即可。

第六章

甜品点心

栗子大福

35分钟
蒸制时间

清蒸
蒸制方式

蒸汽火力

软糯的糯米皮、细腻的豆沙馅和绵软的板栗，给予口感上的丰富体验，每一口都吃得超级满足！

主料

糯米粉 …………… 160克
玉米淀粉 ………… 8盐匙
纯净水 ………200毫升
细砂糖 ……… 10盐匙
玉米油 …………2盐匙
板栗 ……………… 8颗
红豆沙 ………… 200克

做法

❶ 将细砂糖、纯净水和玉米油倒进碗里，搅拌均匀。倒入装有糯米粉和玉米淀粉的盆里，搅拌均匀。

❷ 锅内倒入适量水烧开，将装有糯米粉液的盆封上保鲜膜，放在蒸架上，隔水蒸20分钟至凝固。

❸ 将蒸好的糯米面团取出，用筷子用力搅拌至光滑细腻，晾凉。

❹ 将板栗洗净，沥干后用刀在板栗背上切一刀。锅内倒入适量水，将板栗放入蒸笼，大火上汽后，转中火蒸15分钟，板栗开口后取出晾凉，去皮备用。

❺ 将红豆沙分成8等份，揉圆。取一份红豆沙按扁，把板栗放在豆沙中间。

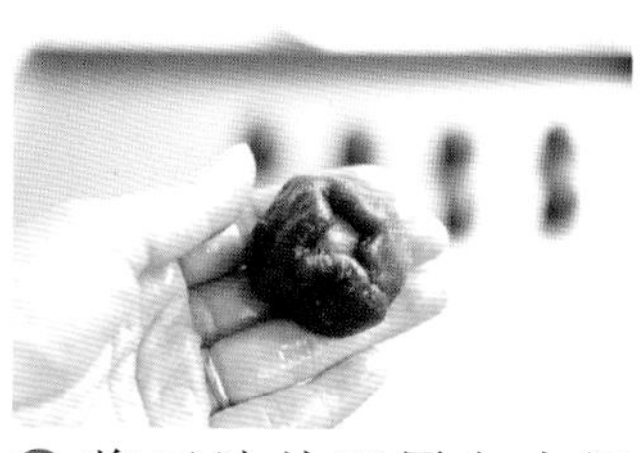

❻ 将豆沙从四周向中间拉，将板栗包起来，揉圆。依次包好剩余的板栗。

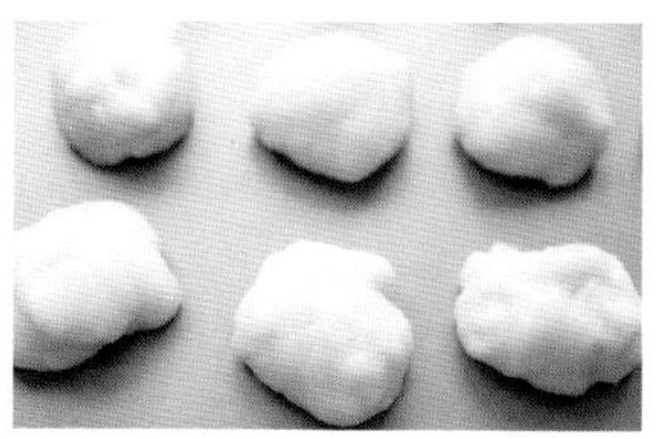

❼ 戴上一次性手套，将晾凉的糯米面团分成8等份。

❽ 取一份糯米面团按扁，将包有板栗的红豆沙馅放在糯米面皮的中间。

❾ 像包板栗时一样，将红豆沙馅包起，滚圆。依次处理好剩余的面团即可。

艾草青团

15分钟
蒸制时间

清蒸
蒸制方式

蒸汽火力

软糯香甜的青团是南方的时令点心，艾草含有丰富的膳食纤维和维生素，糯米含有大量的碳水化合物，可以很好地补充体力，深受人们欢迎。

面皮材料

糯米粉…………500克
粘米粉………… 100克
新鲜艾草………250克
白砂糖………… 4盐匙
小苏打粉…… 1/2盐匙

内馅材料

糯米粉 ……… 2盐匙
熟黑芝麻 … 10盐匙
花生 ………… 150克
白砂糖 …… 10盐匙
红糖…………100克
黄油……………50克

做法

❶ 炒锅烧至五成热，倒入花生，炒至微黄有香味，表皮易脱落。

❷ 将花生皮去掉，倒入装有熟黑芝麻的碗里，搅碎后倒入红糖、10盐匙白砂糖和2盐匙糯米粉，搅拌均匀，即成馅料。

❸ 将黄油熔化，倒在馅料中揉成团，再分成10克一个，揉圆备用。

❹ 锅内倒入适量水烧开，倒入小苏打粉，放入艾草焯一下水。

❺ 将焯过水的艾草捞出来立刻过冷水，挤干后倒入200毫升热水，放入搅拌机中打成艾草糊。

❻ 将500克糯米粉、100克粘米粉和4盐匙白砂糖倒入盆中混合均匀，再倒入艾草糊和250毫升热水，揉成光滑的面团。

❼ 取一小块面团搓圆，微微压扁，中间放上馅料。

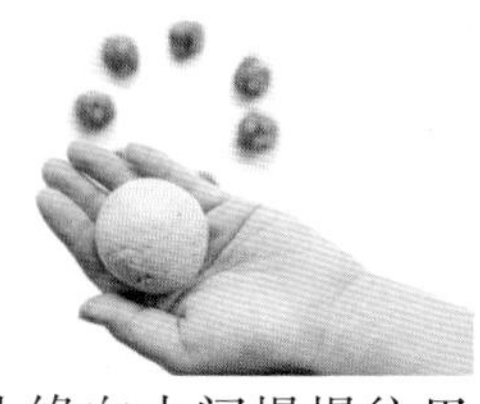

❽ 将边缘向中间慢慢往里面收，捏紧轻轻搓圆。

❾ 将做好的青团摆放在油纸上，放入蒸烤箱，选择蒸的功能，中火蒸15分钟即可。

红枣玉米发糕

30分钟
蒸制时间

清蒸
蒸制方式

蒸汽火力

金黄的玉米发糕装饰着香甜的红枣，看着就很喜庆。做法简单，口感上暄软有嚼劲，吃得也很舒心。

主料

玉米粉……………100克
中筋面粉…………100克
即发干酵母…………2克
无铝泡打粉…………2克
细砂糖……………40克
鸡蛋…………………1个
干红枣……………4颗
色拉油……………少许

工具

6寸蛋糕模具……1个

做法

❶ 将即发干酵母和160毫升纯净水倒在碗里，搅拌至酵母溶化。

❷ 将玉米粉、中筋面粉、无铝泡打粉、酵母水和细砂糖倒入盆里，打入鸡蛋。

❸ 用筷子将盆里所有材料向同一方向，搅拌均匀至无干粉状态。

❹ 在蛋糕模具底部和内壁四周均匀地刷上一层色拉油，将面糊倒进模具中。

❺ 将面糊放在温暖处(约30℃)发酵至原来的2倍大(6寸蛋糕模具的8分满)。

❻ 将干红枣洗净，对半切开，去核。

❼ 将干红枣片沿外沿，成放射状，围成一个圈。彼此间隔一个红枣的距离。

❽ 将装有面团的6寸蛋糕模具放入蒸笼。

❾ 蒸锅内倒入适量水烧开，放上蒸笼，中火蒸30分钟，取出晾凉，脱膜即可。

山药糕

20分钟 蒸制时间 | 清蒸 蒸制方式 | 蒸汽火力

以山药泥作皮，细腻绵软的红豆沙作馅，不添加过多的调料，做法简单，吃得安心。

主料

铁棍山药……………500克

红豆沙………………250克

细砂糖………………4盐匙

玉米油…………………2盐匙

色拉油…………………少许

工具

圆形压花月饼模具……1个

做法

❶ 将山药洗净、去皮，切成长约8厘米小段，放在碗里备用。蒸锅内倒入适量水，将装有山药段的碗放进去，中火蒸20分钟。

❷ 将蒸好的山药段取出，趁热压碎成泥。

❸ 将细砂糖和玉米油倒入山药泥里。

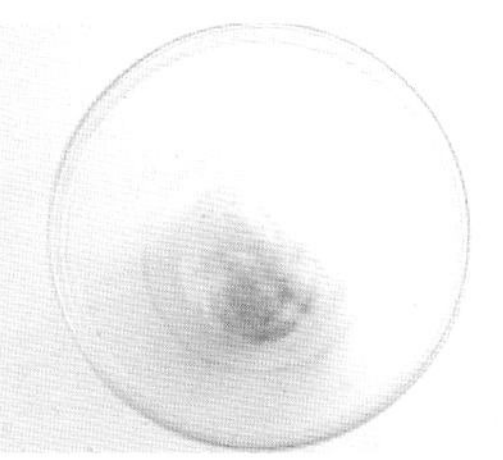

❹ 将山药泥、细砂糖和玉米油用筷子搅拌均匀，用手揉成团。

❺ 将山药泥分成9等份（约50克一个），揉圆。

❻ 将红豆沙分成9等份（约30克一个），揉圆。

❼ 取一个山药泥团按扁，中间包上红豆沙圆，包起揉圆。依次将所有的山药泥包上红豆沙。

❽ 将模具里均匀地抹上一层色拉油。

❾ 将包好的山药红豆团子放进模具中，轻轻压实，成形后取出即可。

糯米桂圆糕

40分钟
蒸制时间

清蒸
蒸制方式

蒸汽火力

用客家黄酒浸泡过的糯米，每次蒸制，满屋子都有一股清醇的甜酒香。刚出锅的糯米桂圆糕，黄酒的甜醇与桂圆的甘甜完美融合，软糯可口。

主料

糯米……………… 200克
客家黄酒 ………20毫升
细砂糖 …………… 3汤匙
桂圆干 ……………适量
色拉油 ……………少许

做法

❶ 将糯米淘洗干净，沥干后倒在盆里，倒入纯净水（没过糯米即可），浸泡30分钟。

❷ 将浸泡好的糯米，沥干后均匀地铺在碗里，倒入客家黄酒翻拌均匀。

❸ 蒸锅内倒入适量水烧开，将装糯米的碗放入蒸笼，中大火蒸20分钟。

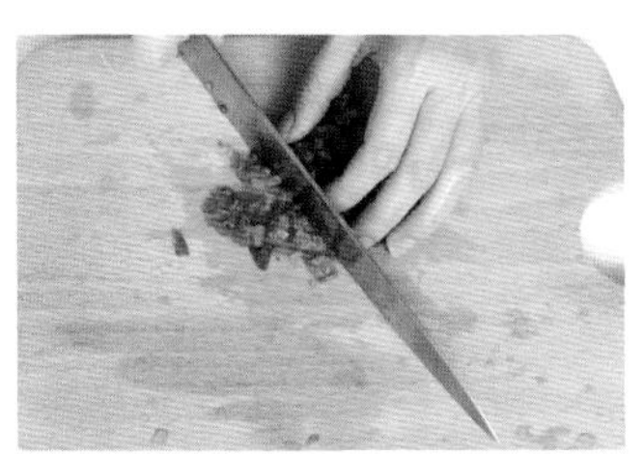

❹ 将桂圆干洗净，切碎。

❺ 将蒸好的糯米取出，撒上桂圆干碎和细砂糖。

❻ 用筷子将糯米、桂圆干碎和细砂糖搅拌拌匀。

❼ 蒸锅内水烧开，将装有糯米的碗放入蒸笼，中大火蒸20分钟。

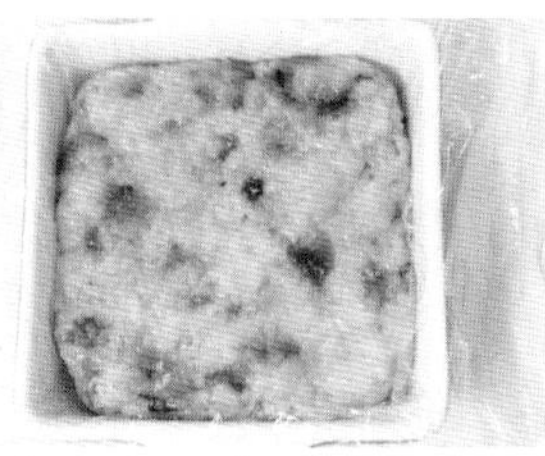

❽ 取一个正方形或长方形的深碗，内壁刷上一层色拉油，倒入蒸好的糯米饭，压紧实，封上耐高温的保鲜膜。

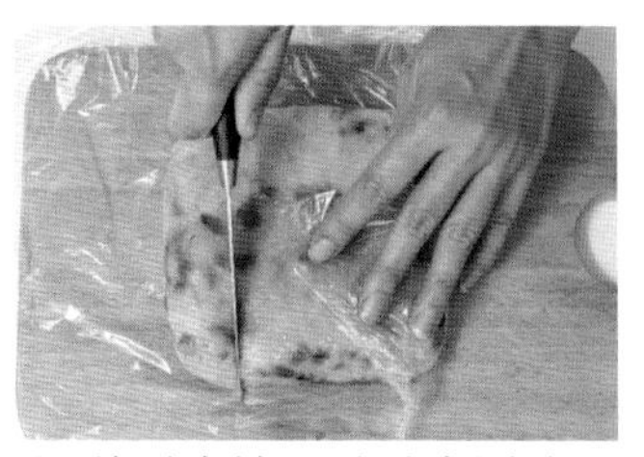

❾ 将碗倒扣，取出糯米饭，用刀切成2厘米 ×3厘米的小块即可。

美味春饼

10分钟	清蒸	🔥🔥🔥
蒸制时间	蒸制方式	蒸汽火力

面皮材料

中筋面粉……350克
盐……………1/2盐匙
植物油………… 适量

内馅材料

猪前腿肉 …·250克
鸡蛋……………2个
胡萝卜丝……适量
黄瓜丝 ………适量
豆瓣酱 …… 1 汤匙
蚝油 ………1 盐匙
芝麻油 ……1 盐匙
生抽…………1 汤匙
盐 …………1/2盐匙
生粉………1/2盐匙
植物油 ………适量

❶ 将面粉和1/2盐匙的盐倒入盆里，再倒入185毫升温水，拌成絮状后用手揉成团，揉至光滑，封上保鲜膜静置醒发30分钟。

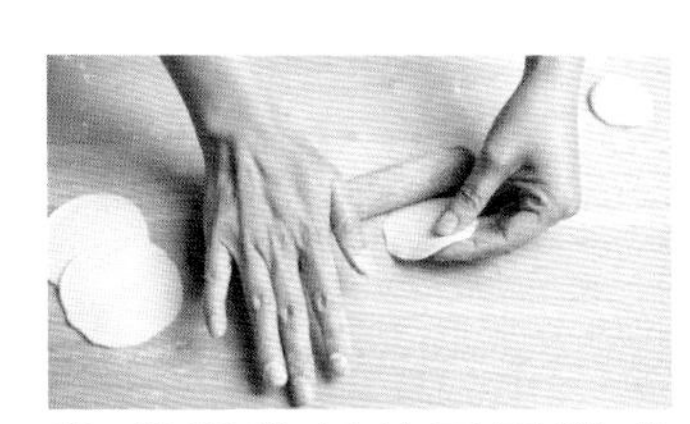

❷ 将醒发好的面团搓成条，分成18克一个的小面团，将每个小面团搓成小圆球，将小面球用手压扁，用擀面杖将压扁的小面球擀成面皮，厚约0.2厘米。

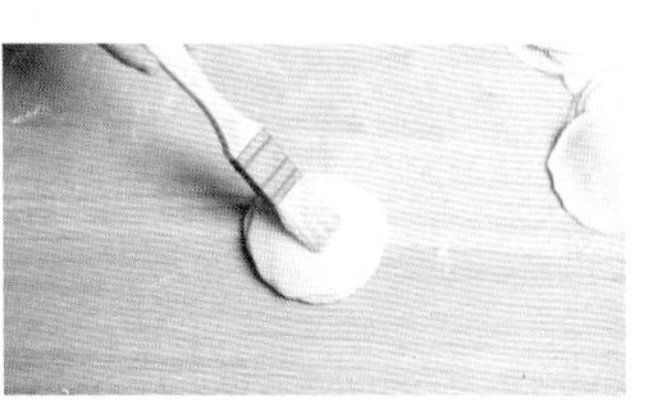

❸ 取一张擀好的面皮，刷上一层油，再叠上一张面皮，继续再刷上一层油，一次叠10张面皮，用手轻轻按压一下使面皮平整。

❹ 将饼皮的边缘捏紧，这样擀的时候上下两张饼皮不会回缩。

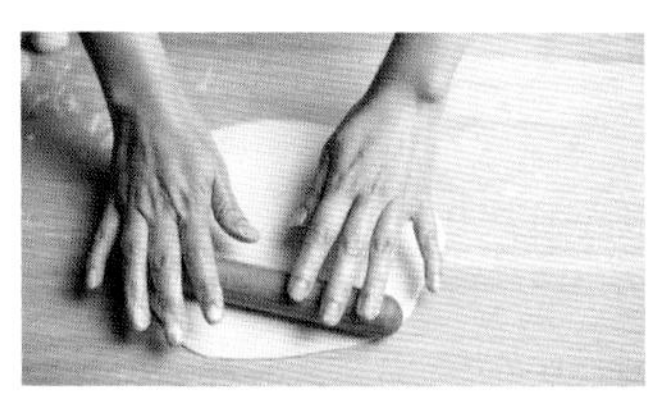

❺ 用擀面杖将叠好的饼皮从中间向四周擀开，一面擀完，再翻过来擀一下，擀成直径约18厘米的圆。

❻ 锅内倒入适量水烧开，将擀好的面皮放入蒸笼，中大火蒸10分钟后取出，趁热把面皮一张张揭开备用。

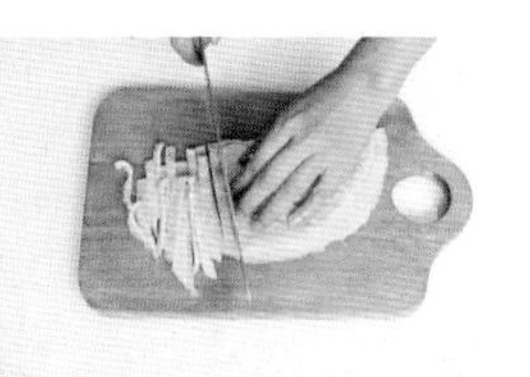

❼ 鸡蛋打散，摊成蛋饼，晾凉后切丝。将猪肉洗净，去血水，切块，加入1/2盐匙盐、生抽、芝麻油和生粉搅拌均匀，腌制10分钟。

❽ 炒锅里倒入植物油烧至五成热，倒入猪肉炒至变色，调入豆瓣酱和蚝油，炒熟后盛出备用。

❾ 取一张饼皮，在中间放上蛋丝、蔬菜丝和猪肉块。从两边把春饼皮折起，再往前把饼卷起。依次将所有的春饼卷好。

椰汁千层马蹄糕

45分钟
蒸制时间

清蒸
蒸制方式

蒸汽火力

马蹄糕糕体晶莹剔透、层次分明，清凉的味道十分惊艳，细细品尝还会发现有淡淡的椰香，非常适合燥热的夏天。

主料

马蹄粉 ……………… 250克
牛奶……………………150毫升
椰浆……………………400毫升
红糖……………… 160克
色拉油 ……………少许

模具

方形蒸盘…………1个

❶ 将150克马蹄粉倒入盆中，倒入300毫升纯净水，搅拌均匀，即成生浆。

❷ 将350毫升纯净水和红糖倒入锅里，小火煮至红糖溶化。

❸ 关火后，缓缓地倒入50毫升生浆，一边倒一边快速搅拌均匀，即成熟浆（煮好的熟浆是流动的稀糊状）。

❹ 将熟浆倒回剩余生浆里，搅拌均匀成红糖浆。

❺ 100克马蹄粉、150毫升牛奶、400毫升椰浆倒入盆中混合，搅拌均匀为白浆，过筛滤去杂质备用。

❻ 取一方形蒸盘，在上面均匀地刷上一层薄薄的色拉油。

❼ 将100克红糖浆均匀地倒入方形蒸盘里。

❽ 将蒸盘放入蒸箱蒸5分钟，至红糖浆凝固。蒸好后取出，在红糖层上倒上100克白浆，再放进蒸箱中蒸制5分钟。

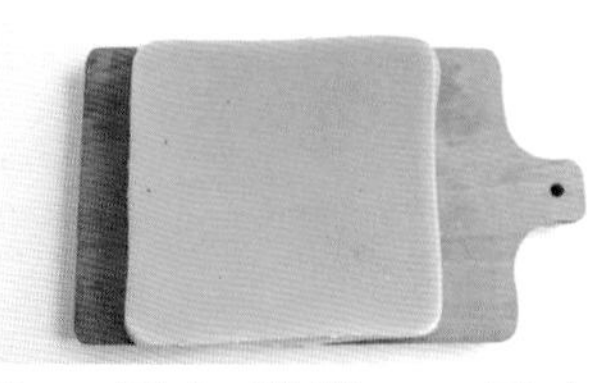

❾ 一层红糖浆，一层白浆，如此重复间隔，直至把两种粉浆蒸完。蒸好后取出，彻底晾凉后脱模切块即可。

年年有余年糕

40分钟
蒸制时间

造型蒸
蒸制方式

蒸汽火力

鱼与年糕，取“年年有余、年年高升”之意。可爱有趣的外形，逢年过节当成给孩子们的小“惊喜”。

主料

糯米粉…………180克

澄粉…………………75克

细砂糖……………5汤匙

色拉油………………5克

红色色素……………1滴

工具

鱼形模具……………2个

做法

❶ 将糯米粉、澄粉和细砂糖倒入碗中搅拌均匀。

❷ 将色拉油和240毫升纯净水倒入碗中，搅拌成糊状。

❸ 取少许面糊倒入小碗中，滴一滴红色色素，混合均匀成红色面糊。

❹ 模具内均匀地抹上一层色拉油，先在鱼脊、鱼尾和鱼鳍处倒入少许红色面糊，再把白色的面糊倒在红色面糊上，轻轻推开。

❺ 将装有面糊的模具放入蒸烤箱，选择蒸的功能，蒸40分钟。

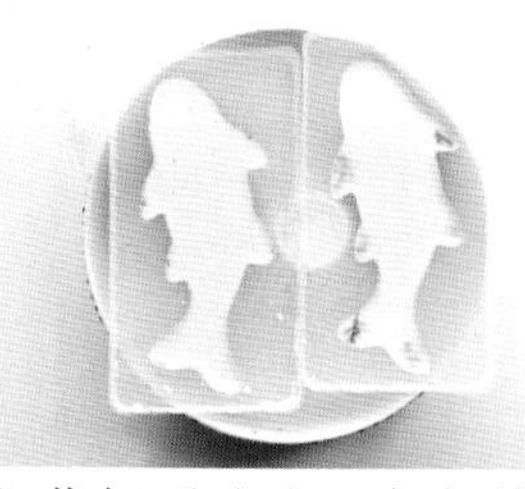

❻ 蒸好后取出，晾凉脱模即可。

小贴士

□ 步骤4也可以先倒入少量白色面糊在红色面糊上，用筷子轻轻搅拌一下，使两种颜色晕染融合一点，再倒入剩下的白色面糊，最后再用红色面糊点缀一下鱼鳍和鱼尾，用筷子稍微搅拌一下。

紫薯流心月饼

20分钟	清蒸	🔥🔥
蒸制时间	蒸制方式	蒸汽火力

材料

面皮材料A

紫薯……………………500克
细砂糖………………8盐匙
动物性淡奶油……10盐匙

面皮材料B

南瓜……………………500克
细砂糖………………2汤匙
动物性淡奶油……2汤匙
糕粉……………………2盐匙

面皮材料C

铁棍山药……………500克
细砂糖………………2汤匙
玉米油………………2盐匙

内馅材料

咸蛋黄…………………1个
动物性淡奶油……8盐匙
细砂糖………………2盐匙
牛奶……………………1盐匙
玉米淀粉………1/2盐匙
吉利丁片……………1克

做法

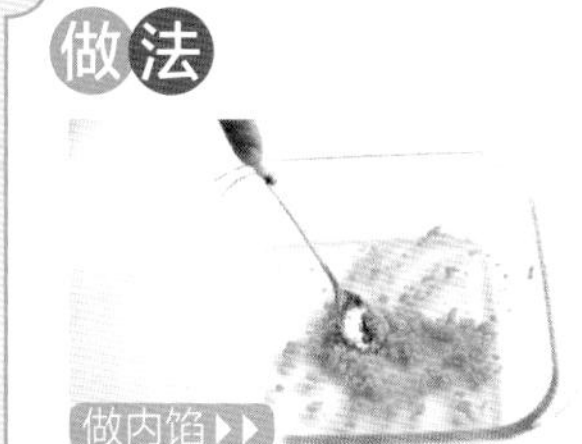

❶ 烤箱设置15℃，将咸蛋黄放入，烤10分钟后取出，压碎；将吉利丁片放入冰水中泡发5分钟备用。

❷ 将动物性淡奶油和细砂糖搅拌均匀，倒入锅中，小火煮至冒小泡；将牛奶和玉米淀粉搅拌均匀，一边倒一边搅拌。

❸ 再加入蛋黄碎，小火继续加热至浓稠状，即成流心馅。将吉利丁片沥干后放入流心馅中搅拌均匀。

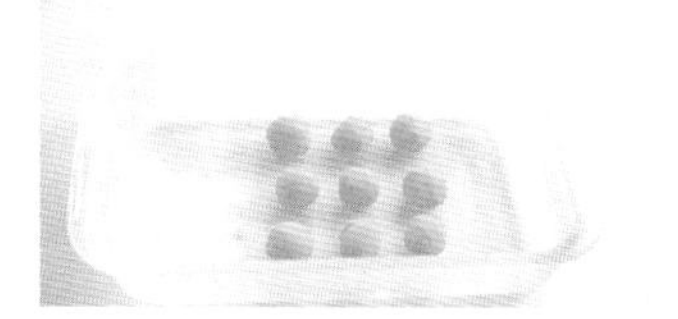

❹ 将流心馅用筛子过筛，装入裱花袋中，放入冰箱冷冻10分钟后挤出，每6克一份；再放入冰箱冷冻5分钟，取出揉圆；继续放冰箱冷冻至硬，备用。

❺ 将紫薯、南瓜、山药洗净、去皮，切小块，分别放在盘子里，然后放入蒸烤箱，水箱中加满水，选择蒸的功能，蒸20分钟。

❻ 蒸好后趁热用勺子将紫薯按压成泥。将细砂糖倒入紫薯泥，搅拌均匀。稍凉后倒入动物性淡奶油搅拌均匀，揉成团。

❼ 将山药按压成泥，倒入细砂糖和玉米油，搅拌均匀，揉成团。

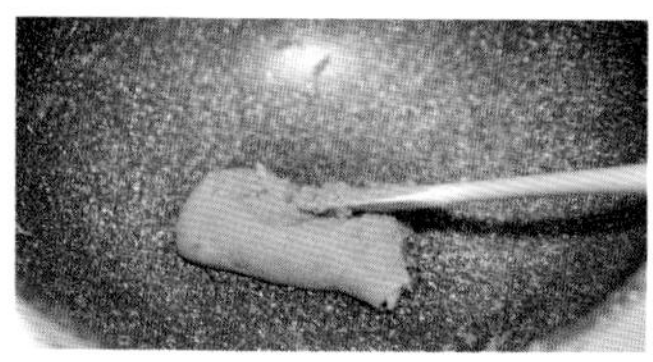

❽ 将南瓜按压成泥，倒入细砂糖和淡奶油，放入不粘锅，小火翻炒成团，最后加入糕粉拌匀，晾凉。

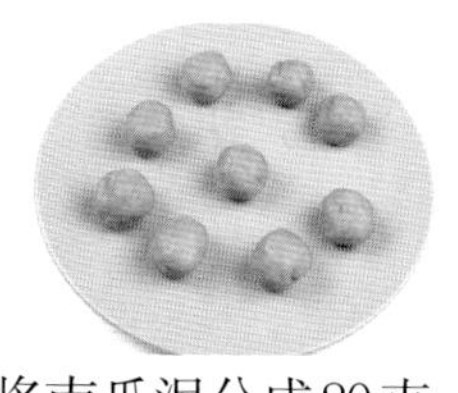

❾ 将南瓜泥分成20克一个的小团，揉圆。将紫薯泥、山药泥和剩余的南瓜泥分成20克一个，揉成小团。

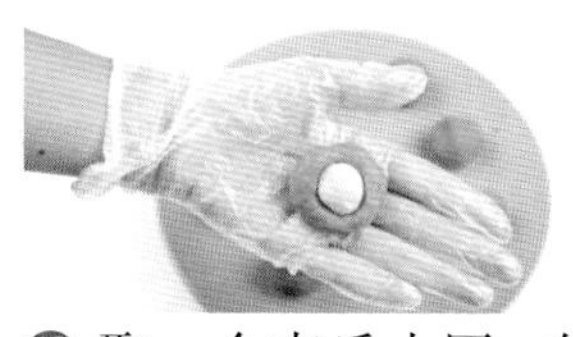

❿ 取一个南瓜小团，在中间按个洞，将冻硬的流心放入洞里，捏起来封口，整圆。依次将所有流心用南瓜泥包好，作为馅料备用。

⓫ 按照包流心馅的方法，将包有流心的南瓜面团依次包进紫薯面团和剩余的面团，包好后摆放在盘里。

⓬ 模具里刷上薄薄的一层植物油（材料表以外的），把包好的团子放进模具中，按压成形即可。

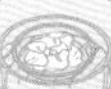

南瓜蒸百合

10
分钟
蒸制
时间

清
蒸
蒸制
方式

蒸汽
火力

口感甜糯的南瓜搭上甜软的红枣，缀上几片白如凝脂、润似琼玉的鲜百合，先苦后甘，温润适口，清心养神。

主料

南瓜……………… 500克

鲜百合 ……………… 1个

干红枣 ………………2颗

枸杞子 ………………8颗

调料

蜂蜜…………………适量

做法

❶ 南瓜洗净、去皮，切成约1厘米厚的菱形块状，共22块。

❷ 将12块南瓜块，边贴边地摆放一圈，中间空位可放1块南瓜块，呈花状作为第一层，摆放在有沿口的圆盘中。

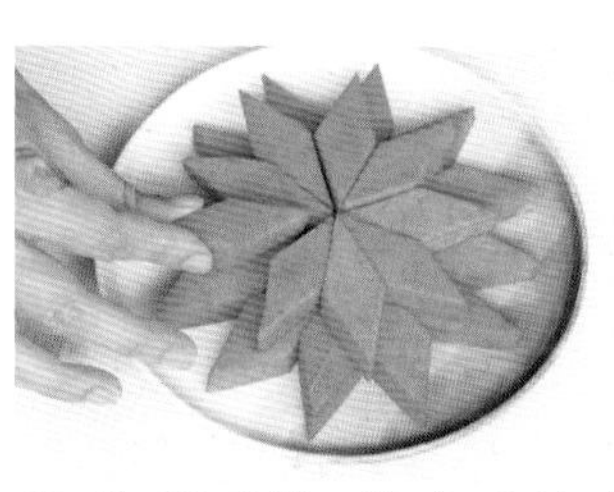

❸ 将剩下的9块南瓜块边贴边地拼成花状，摆在第一层南瓜块上。

❹ 鲜百合掰成瓣，洗净，围成一个圈，摆在第二层南瓜花的中间。在鲜百合中间放上干红枣。

❺ 蒸锅内倒入适量水烧开，放入装有南瓜、百合的圆盘，大火蒸10分钟，开盖晾3~5分钟。

❻ 晾凉后取出，点缀上枸杞子；按照自己的口味，淋上适量蜂蜜即可。

小贴士

- 南瓜切成长薄片，约1厘米厚，以免蒸制时间过长导致百合过烂，先切出一个菱形作为模板，然后切剩下的南瓜薄片。
- 干红枣洗净直接用也可以，但提前泡发过的红枣皮会更软。
- 南瓜表皮越粗糙、越老（用指甲掐不透）、颜色越黄的，品质越好。

蒸糯米丸子

20分钟 蒸制时间

清蒸 蒸制方式

蒸汽火力

蒸好的糯米丸子外表晶莹剔透，鲜香的肉丸，口感弹牙，糯米柔软，有很强的饱腹感。

主料

猪肉……………… 200克
糯米……………… 小半碗（300克）
胡萝卜……………… 1根

调料

盐……………… 1/2盐匙
白砂糖……………… 1盐匙
姜……………… 1/4块
葱白……………… 10克
玉米油……………… 1汤匙
白胡椒粉…… 1/2盐匙
朝天椒圈……………… 少许

做法

❶ 将糯米洗净，用冷水浸泡4小时，沥干备用。

❷ 将猪肉洗净，放入搅拌机里搅碎成猪肉末。

❸ 将盐、白砂糖、白胡椒粉、玉米油和1汤匙纯净水倒入猪肉末中。

❹ 将葱白、姜洗净，切末后倒入猪肉末中，搅拌至猪肉末上劲。

❺ 将胡萝卜洗净、去皮，切成宽0.3厘米的薄片，作为丸子的底托备用。

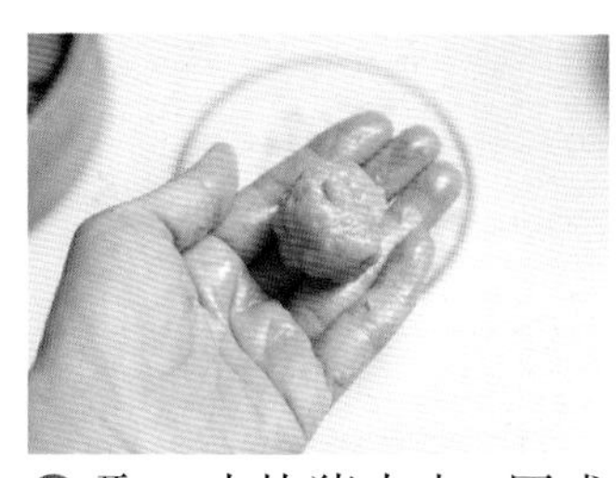

❻ 取一小块猪肉末，团成小丸子。

❼ 将团好的猪肉丸子放在糯米里滚一圈，均匀地裹上一层糯米。

❽ 将糯米猪肉丸子放在胡萝卜片上，放在竹蒸笼里。

❾ 蒸锅内倒入适量水烧开，放上竹蒸笼，中火蒸20分钟后取出，点缀上朝天椒圈即可。

鲜虾烧卖

8 分钟
蒸制时间

清蒸
蒸制方式

蒸汽火力

主料

馄饨皮……………30张
约150克

青虾仁……………250克

肥肉………………70克

嫩竹笋……………70克

调料

盐………………1盐匙

生粉……………1盐匙

胡椒粉…………1/4盐匙

白砂糖…………1盐匙

芝麻油…………1盐匙

植物油…………适量

做法

❶ 将青虾仁的虾线去除，用清水洗净。

❷ 将处理好的青虾仁用厨房纸吸干水分，放入碗中，用盐揉搓至起胶。

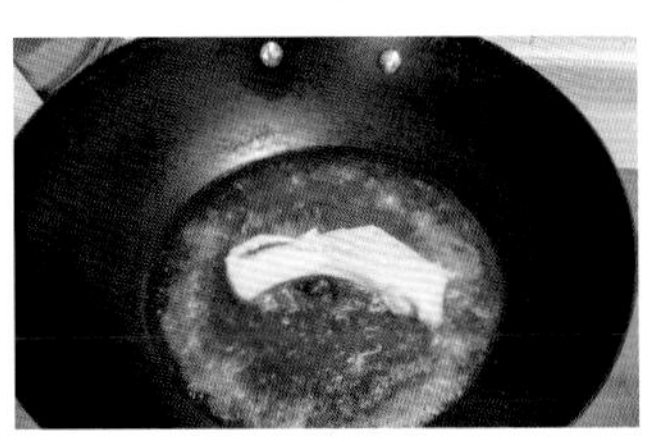

❸ 将肥肉放入锅中，倒入适量纯净水没过肥肉。煮熟后捞出，剁碎成泥。

❹ 将1/3的虾仁剁成虾泥。嫩竹笋洗净，剁碎，和肉泥一起放入虾泥中，放入剩余调料，搅拌均匀后成虾仁馅，放冰箱冷藏备用。

❺ 取一叠馄饨皮放在案板上，用刀切除四个角，再稍微修成圆形。

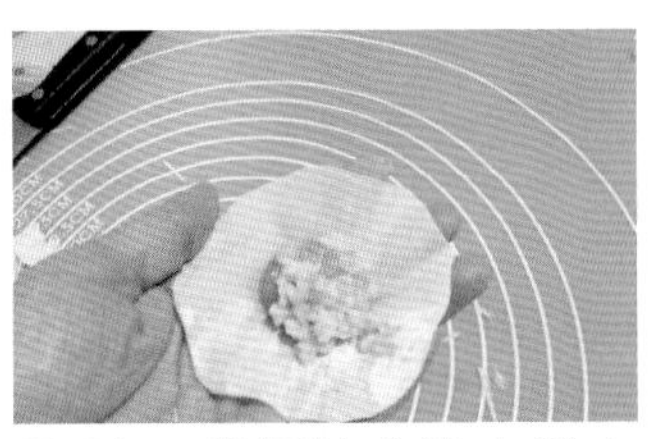

❻ 取一张馄饨皮放在掌心上，取适量虾仁馅放在馄饨皮中央。

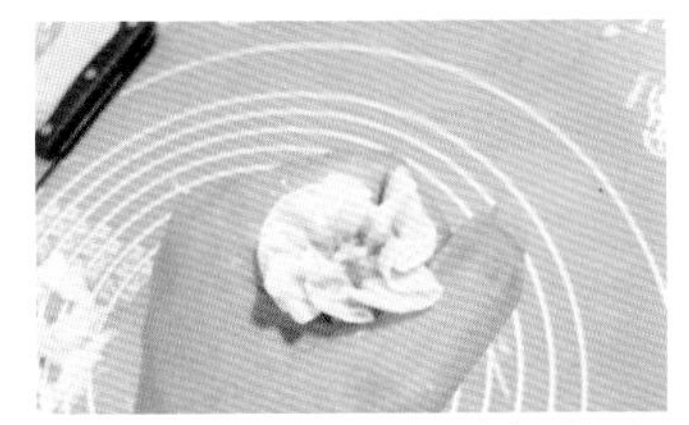

❼ 将面皮置于左手拇指和食指间慢慢收拢，捏成上下大、中间小的形状，收口处捏成花瓣状。

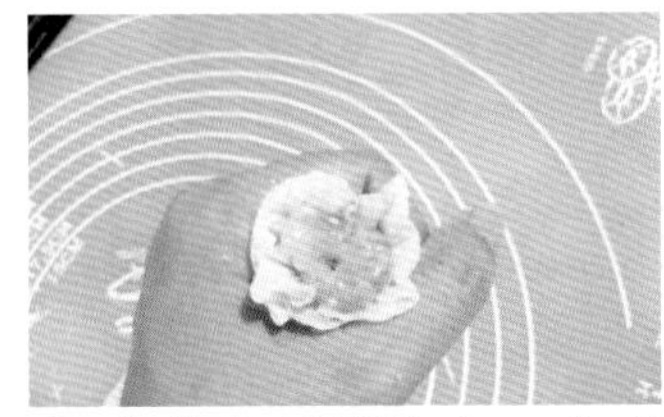

❽ 在烧卖顶部放上一个青虾仁。

❾ 将蒸笼刷上一层植物油，把鲜虾烧卖放入蒸笼。蒸锅内倒入适量水烧开，放上蒸笼，大火蒸8分钟即可。

家常凉皮

12分钟	清蒸	🔥🔥🔥
蒸制时间	蒸制方式	蒸汽火力

藏在街头巷尾的美味在家也能轻松享用，配料和调味料可以按自己的喜好来调整。

主料

小麦淀粉……110克
面粉……10克
黄瓜……1根
绿豆芽……100克

调料

陈醋……1汤匙
生抽……1汤匙
辣椒油……1汤匙
芝麻油……1汤匙
白砂糖……1盐匙
大蒜……4瓣
盐……1/5盐匙
植物油……少许

做法

❶ 将小麦淀粉、面粉和120毫升纯净水倒入盆中，搅拌均匀。

❷ 在蒸盘里刷上一层植物油。

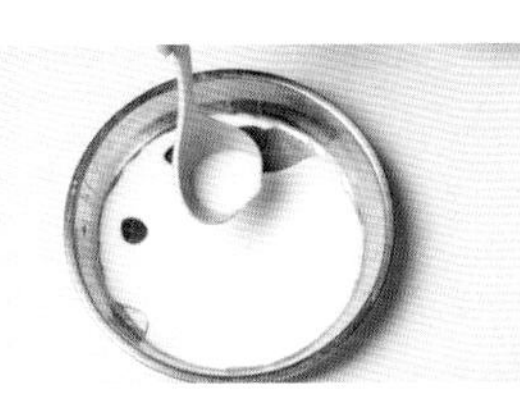

❸ 在蒸盘里倒入1汤匙面糊，轻晃均匀。

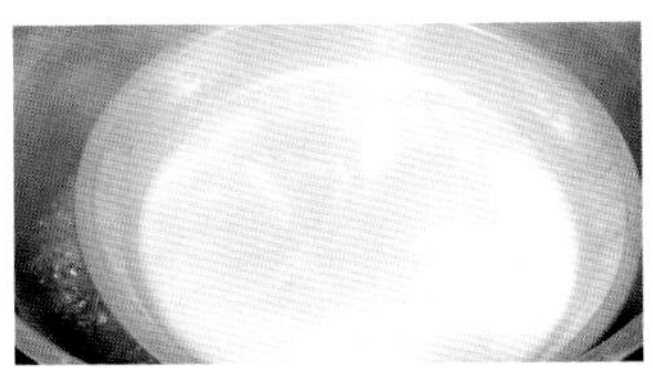

❹ 将锅里的水烧开，把装有面糊的蒸盘放入水里，盖上锅盖，大火蒸2分钟。

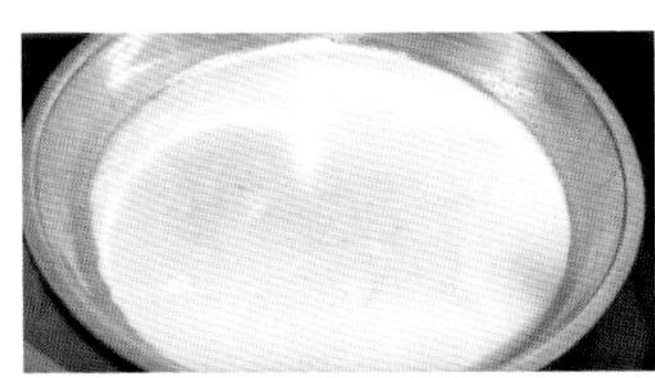

❺ 面皮表面鼓起大泡立即拿出，迅速将蒸盘放入凉水盆里过一下。

❻ 在蒸好的面皮表面刷上一层植物油。

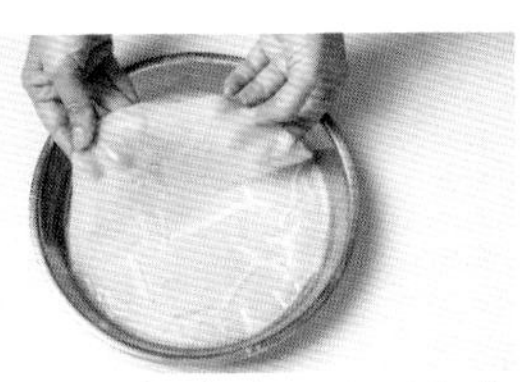

❼ 将面皮轻轻揭下，放在盘子里晾凉，此食材的量约可以做6张面皮。

❽ 依次将所有的面皮做好，再将晾凉的面皮折叠后切条装入盘子中。

❾ 将黄瓜洗净、切丝；绿豆芽洗净、焯水，捞出沥干；大蒜去皮、洗净，切末。

❿ 将黄瓜丝、绿豆芽和蒜末放在凉皮上。

⓫ 调入剩余调料，搅拌均匀即可。

牛奶布丁

12分钟	清蒸	
蒸制时间	蒸制方式	蒸汽火力

主料

鸡蛋……2个

牛奶……320毫升

调料

白砂糖……2汤匙

香草精……2滴

做法

❶ 将鸡蛋打入碗中；白砂糖和香草精倒入牛奶里搅拌至溶化，将牛奶倒入装有鸡蛋的碗中。

❷ 用打蛋器将牛奶、鸡蛋液充分搅散。

❸ 将蛋奶液用筛网过滤2次，这样做出来的布丁口感更细腻。

❹ 将过滤后的蛋奶液倒入玻璃布丁杯中。

❺ 在布丁杯上盖上一个盘子，以防水滴入蛋奶液中。

❻ 蒸锅内倒入适量水烧开，放上蒸笼，小火蒸12分钟即可。

桂花山药

甜品点心

15分钟
蒸制时间

清蒸
蒸制方式

蒸汽火力

主料

铁棍山药……………250克

干桂花……………………2克

调料

白砂糖………………4盐匙

草莓果酱……………4盐匙

做法

❶ 将白砂糖和干桂花放在碗中备用；山药洗净，放在盘子里备用。

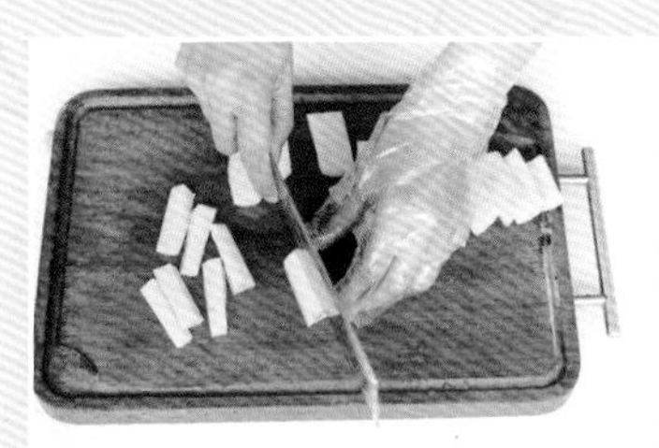

❷ 将山药去皮，切成长约4厘米的小段，然后竖着对半切一次，再竖着对半切一次。

❸ 取一半山药段铺在有沿口的盘子里，撒上干桂花和白砂糖，再将另一半山药段铺上去，撒上干桂花和白砂糖。

❹ 将装有山药段的盘子放入蒸笼。

❺ 蒸锅内倒入适量水烧开，放上蒸笼，中火蒸15分钟后取出，淋上草莓果酱即可。

桃胶雪燕糖水

40分钟	清蒸	🔥🔥
蒸制时间	蒸制方式	蒸汽火力

主料

桃胶 ………………… 2盐匙
雪燕 ………………… 2盐匙

调料

单晶冰糖 ………………5块
枸杞子 …………… 4盐匙

做法

❶ 将桃胶和雪燕放在碗里，倒入300毫升纯净水泡发一晚。

❷ 将泡发好的桃胶上的黑色杂质挑去，沥干后备用。

❸ 将桃胶和雪燕放入炖盅，倒入单晶冰糖和300毫升纯净水。

❹ 蒸锅内倒入适量水烧开，将炖盅放入蒸笼，盖上炖盅盖子，中火蒸40分钟。

❺ 蒸好后打开盖子，放入枸杞子，盖上盖子，关火闷5分钟，稍凉即可食用。

冰糖蒸橙子

20分钟	清蒸	
蒸制时间	蒸制方式	蒸汽火力

主料

橙子……………………2个

调料

单晶冰糖………………5块

陈皮……………………1片

做法

❶ 将橙子先对半切一次，再将每一瓣对半切开，切成4瓣。

❷ 将橙子皮剥掉，留果肉备用。

❸ 将陈皮放在小碗中，倒入50毫升纯净水泡开，刮去白膜，切成小块。

❹ 将橙子肉和陈皮块放入炖盅。

❺ 倒入单晶冰糖和50毫升纯净水，盖上炖盅盖子。

❻ 蒸锅内倒入适量水烧开，将炖盅放入蒸笼，蒸20分钟即可。